“十三五”普通高等教育本科部委级规划教材

服装设计：时尚元素的提炼与运用

苏永刚◎主编

罗杰　刘静◎副主编

中国纺织出版社有限公司

国家一级出版社

全国百佳图书出版单位

内 容 提 要

本书从时尚概念入手，围绕时尚要素与设计思维，从款式变化、材料组织、工艺手段、色彩搭配、概念跨界等方面详细阐述了设计要素的组织与规划形式，突出方法在设计中的作用。

全书呈现了大量设计案例解析，内容深入浅出、结构严谨，既有利用时尚元素进行设计构思的方法与路径，又有教师对学生创造性思维的引导与训练，从而为本专业的学生提供多种设计方法、思路的借鉴与实践的有益范例，也可供服装从业者、研究者参考使用。

图书在版编目(CIP)数据

服装设计：时尚元素的提炼与运用 / 苏永刚主编
. --北京：中国纺织出版社有限公司，2019.11
"十三五"普通高等教育本科部委级规划教材
ISBN 978-7-5180-6697-1

Ⅰ.①服… Ⅱ.①苏… Ⅲ.①服装设计—高等学校—教材Ⅳ.①TS941.2

中国版本图书馆CIP数据核字（2019）第201266号

策划编辑：李春奕　　责任编辑：杨　勇　　责任校对：楼旭红
责任设计：何　建　　责任印制：王艳丽

中国纺织出版社有限公司出版发行
地址：北京市朝阳区百子湾东里A407号楼　邮政编码：100124
销售电话：010-67004422　传真：010-87155801
http://www.c-textiep.com
中国纺织出版社天猫旗舰店
官方微博 http://weibo.com/2119887771
北京华联印刷有限公司印刷　各地新华书店经销
2019年11月第1版第1次印刷
开本：889×1194　1/16　印张：8.5
字数：95千字　定价：59.80元

前　言

设计教育中的“时尚”应当注重的是对学生“时尚意识”的培养，同时更需要包括“时尚发现”“时尚体验”“时尚预测”等过程在内的心理认知能力、执行能力的实际训练，这种训练的目的在于如何将我们培养的学生所感知到的“时尚”进一步有效地组织和转化为设计构想中的运用元素。

服装设计教育不仅是传授设计的基本概念，更重要的是让学生掌握对时尚的观察和学习方法。通过观察、整理和消化，将感悟到的时尚元素有选择地合理运用于设计才是问题的本质，如同颗颗珍珠需要精心地串联方显其价值。作为对时尚消费变化最为敏感和活跃的服装设计专业，如何使我们培养的服装设计人才具备捕捉时尚流行信息，以适应潮流、引导潮流及创造潮流的素养是我们需要共同思考的课题。

本书针对服装专业的教学大纲和专业课题，从方法入手，围绕目标制订途径，突出方法在设计中的重要作用，指导性地将如何感悟时尚的变换、如何采集时尚元素、如何归纳和整理时尚信息、如何将时尚元素灵活地运用于时尚设计，提出了可操作性的路线。将课题所涉及的普遍问题从方法上分解，通过这些基本方法提出思考，举一反三。

本书在编写过程中，参考了相关学者的研究论著，以及采用了同行和学生作品、相关网站的资讯。在此，谨向这些作者和给予本书支持的人士表示衷心感谢。

CONTENTS

目 录

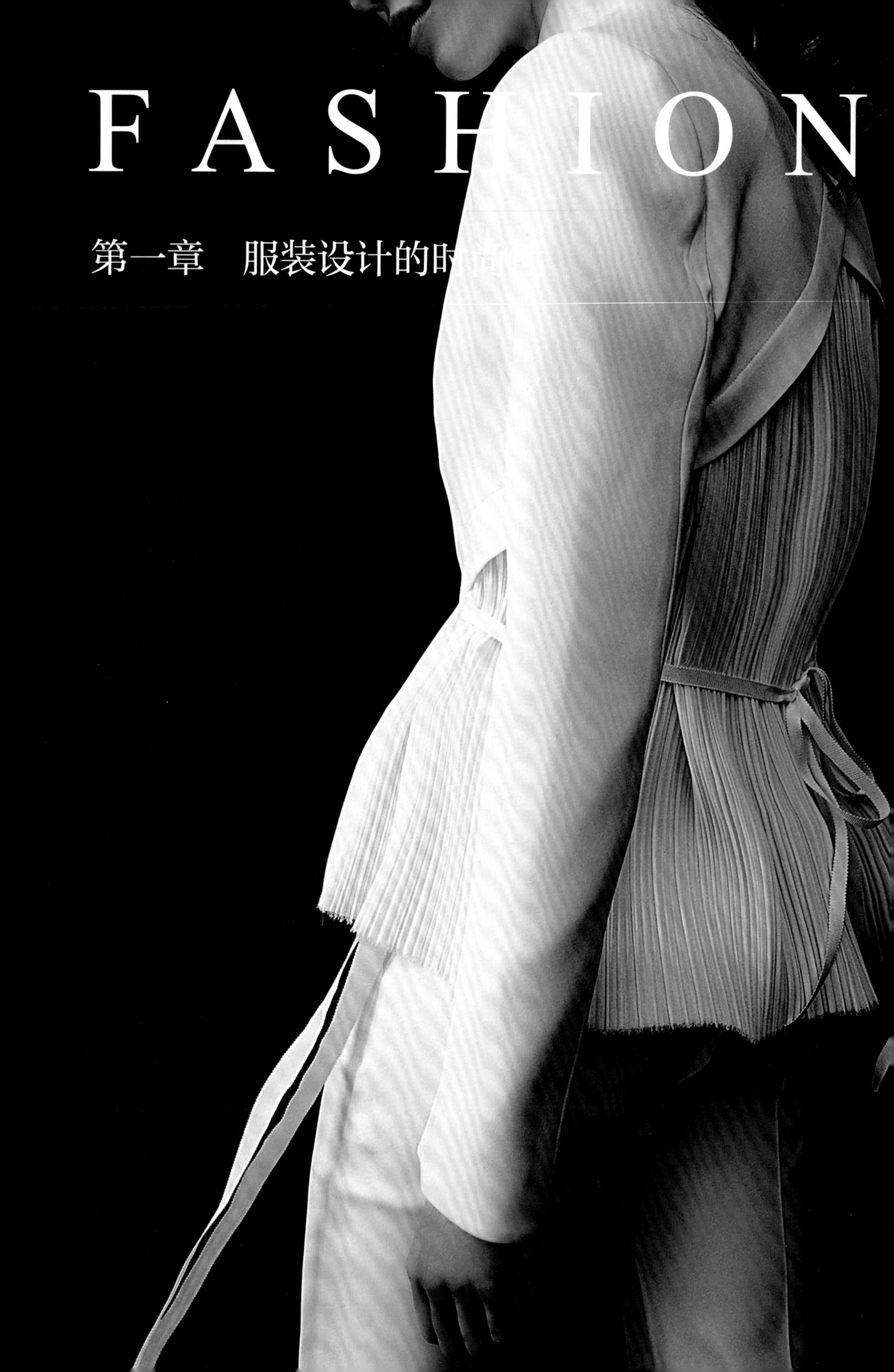

FASHION

第一章　服装设计的时尚性

“时尚”是服装设计中使用最频繁，也是最重要的一个词。就“时尚”而言，如果仅从字面上解释，可以理解为“一个时代的风尚”，是被人们采纳并追随的某一种行为或生活方式。但事实上，“时尚”可能比这种解释显得更前卫、更新潮，它具有某种对既定文化程序的挑战性，这种挑战对于来自主流社会的意识形态而言，可能具有某种自下而上的、偶发性的形态特征。因此，它最初并不显而易见，只是当其具有一种突如其来的群体心理首选优势时，它才成为一种社会注目的焦点。从这个意义上讲，“时尚”之所以会成为“时尚”，它必须包含着创造，而且是与某种社会预期心理相吻合的领先创造（图1–1、图1–2）。

图1–1　手机早已超出作为一个生活用品的范畴

苹果公司创始人史蒂夫·乔布斯（Steve Jobs）先后领导和推出了诸多风靡全球的电子产品，深刻地改变了现代通讯、娱乐、生活方式，创造了引领社会风尚的潮流，iPhone和iPad早已成为众人趋之若鹜的时髦。

图1–2　品牌Louis Vuitton和Moschino 2017春夏推出的iPhone手机壳配件

伴随着手机愈加成为时尚感的科技精品，各大时尚品牌和设计师们借题发挥推出配件系列，愈加具有时尚噱头的手机壳，在一定程度上也代表了消费者的身份、品位与审美。

通常我们对设计的评价常用“好看与否”来形容，“好看”代表了一个时期人们对某个设计作品或产品的认同，用现在流行的说法，这种“好看”便是某种意义上的“时尚”。

服装与其他造型艺术一样，受到社会经济、文化艺术、科学技术的制约和影响，在不同的历史时期内有着不同的精神风貌、客观的审美标准以及鲜明的时代特色。服装的时尚性也需要具体的款式、色彩、面料、细节来体现，通过季节性时尚信息的发布和大众传播，从各种流行风格中作出选择和判断。对流行导向的把握，对流行风格的运用以及对传播资讯的及时分析是研究时尚较为重要的方面（图1-3）。

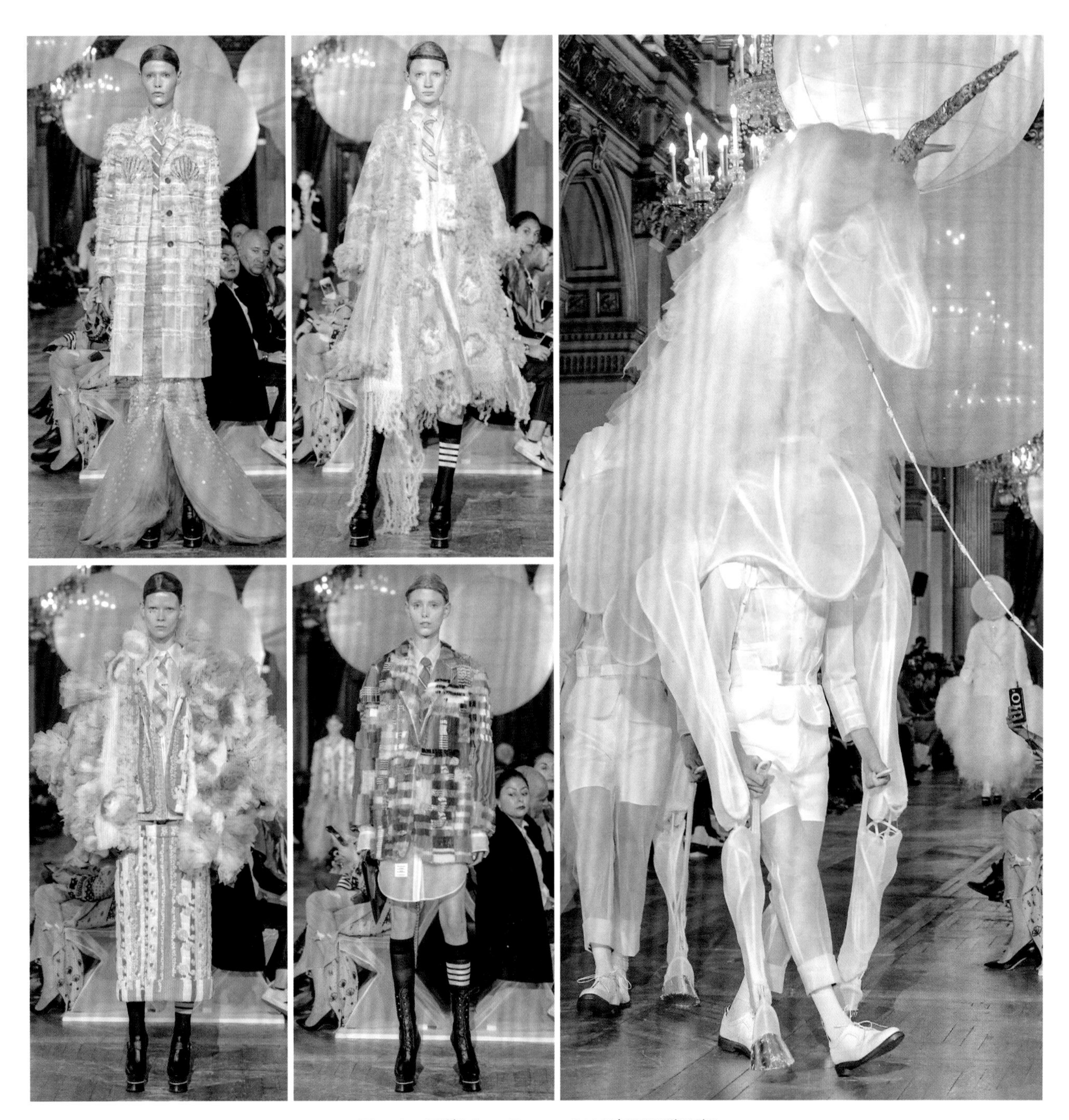

图1-3　品牌Thom Browne 2018春夏巴黎秀场

设计师汤姆·布朗（Thom Browne）认为时尚是幻想，以童话世界为基调，放大梦想。服装之下的模特装扮成独角兽、美人鱼等，男性穿着纱裙套装、紧身胸衣等，把幻想带入现实，造就了其美轮美奂的别样风格。

第一节　流行导向造就时尚

服装是人类具有象征意义的一种符号形态。它反映着衣者的社会地位、经济状况、文化层次，也表现了人的个性气质、情绪爱好及喜怒哀乐。作为人类精神内涵的物质载体，它的流行就显得更具诱惑力。时尚通常来自流行导向所传达给人们的一种可参照和模仿的生活方式，这种方式在一定时期内影响着人们的行为和选择。实际上，不仅是服装，其他领域同样存在着流行，如流行音乐、流行建筑、流行工业产品等。流行是在特定文化条件和一定空间范围内为人们广泛采用的一种行为特征、追求和趣味，从而形成的连锁性心理反应。这一普遍的社会心理现象，驱使着一定的社会群体采取某种较为一致的行为，就构成了流行。它是人类趋向心理的物化，并以特定的符号出现。

流行的突出特点：一是短暂，表现为突然迅猛地扩展与蔓延，又很快地消失；二是新奇，表现为人们对某种新事物、新风尚的效仿；三是有较大的波及面，表现为广泛的传播。流行是文化潮流按一定规律循环交替成为主流的现象，从审美心理上来讲，这是人类追求新鲜感的本质所致。随着时尚文化的发展，消费者和服装创造者之间逐渐形成了一种默契的节奏，即对流行的推动。在整个流行的环节中，创造者、文化传播者及消费者是一种依赖和循环往复的关系，即创造者从消费市场中取得需要的信息加以设计；媒体根据生产商提供的信息进行宣传；消费者从媒体中得到消费指引（图1-4）。

通过文化传播从消费市场取得信息是服装设计的重要手段，而权威机构和有代表性的服装设计师的流行发布导向则影响着设计师对流行的选择和判断，影响着产品推出和人们的穿着时尚。其中，设计师是服装作为商品流行的一个重要因素。由于流行的趋向是理性的，而设计师的设计多是自由、感性的，因此，设计师应根据流行特点、美学规律等，对以往的经验和眼前事物重新组合，从而适合大众的心理趋向，引导时尚穿着。设计师也应该是现代社会生活的积极参与者，始终将自己放在时尚的前沿，把自己的精神生活融入现代社会中的方方面面，需要关注全球政治、经济和文化的最新动态与走向，因为这些信息会提供关于服装流行的关键要素，对流行时尚概念的推出、流行元素的使用、主流时尚的提炼有着重要作用（图1-5~图1-7）。

图1-4　由中国大妈创造的时尚“脸基尼”（Facekini）

2014年，中国退休大妈们在海边游泳时套在头上防晒伤的头套被时尚主编卡琳·洛菲德（Carine Roitfeld）发现，打造了一组名为《遮蔽阳光》（*Masking in the Sun*）的“脸基尼”时尚大片，迅速杀入全球高档时尚圈。

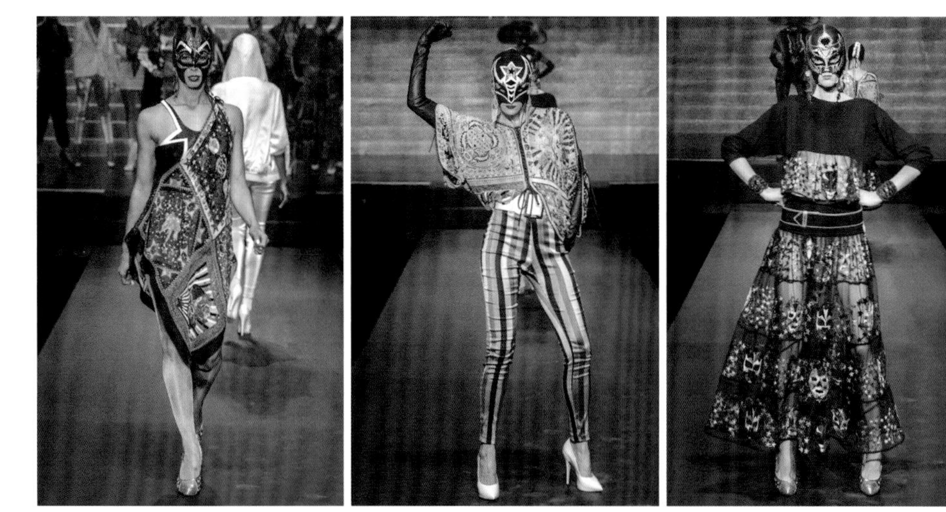

图1-5　品牌Jean Paul Gaultier 2015春夏巴黎秀场

2015春夏的这场秀应该算是该年度最轰动的事件之一，最后这场秀号称只有2000个座位，全球一票难求。其中最大亮点应该算是配合着服装的色调京剧脸谱的镶钻脸基尼。

图1-6　中央圣马丁艺术与设计学院（Central Saint Martins College of Art and Design）毕业生理查德·奎因（Richard Quinn）获第6届H&M设计大奖作品

2017年，中央圣马丁艺术与设计学院时装硕士专业的设计师理查德·奎因获得第6届瑞典快时尚零售商H&M举办的设计大奖。脸基尼的元素结合设计师所塑造的宽大肩膀、艳丽印花、随意的穿衣造型，凝聚着一种戏谑而怪诞的美。

图1-7　品牌Sheguang HU Haute Couture 2018/2019秋冬中国国际时装周

2018年，著名华裔时装设计师胡社光再次在秀场中以脸基尼元素塑造其独具风情的设计理念，独特的创意灵感将布料的表情与人的不同精神特质完美结合在一起，打造出融合有东西方文化元素的高档定制服装。

第二节 风格特点支撑时尚

风格是艺术创作所形成的极具个性的部分，现代服装设计是设计者针对人们穿着需要所进行的实用与审美的造物行为，是材料、技术与艺术的融合体现，其本质是为人类选择和创造新的生活方式。作为与人密切相关的时尚产品，服装设计本身应有款式特点、材质运用、色彩配置以及部件的设计与流行的把握。在各种工业产品和艺术商品中，服装产品的设计风格以广泛性和多变性著称，而时尚的本质更是以变化和强调风格设计为核心（图1–8）。

服装的时尚既要符合大众审美，引导流行，也需要相应风格来树立和支撑品牌的可持续性发展。服装风格的形成需要设计师和品牌长期的努力和实践，从而取得大众对这种风格的逐步认知。就服装的风格而言，可以从三方面体现：第一方面，从地理区域上看，分布在世界各地的不同种族、民族和地区性人群拥有独具个性的穿衣方式和品位；第二方面，从时代发展角度来看，历史上服装变迁形成了众多风格，甚至每个时代都有其代表性的风格，而每一种风格都烙有鲜明的时代特征；第三方面，人的生理状态、社会角色、社会环境等都是确定这一风格的要素。

具有个性风格的服装往往能在众多的设计作品中脱颖而出，而每年的流行时尚发布都有相应的主流风格来支撑，如古典风格、波普风格、中性风格等。从风格中提取出具有代表性的要素进行综合分析和比较，找出对设计构思有利的因素，确定设计切入点，根据设计作品风格定位制订相应的设计方案，丰富设计的表现手段。

服装风格体现了设计师对时尚独特的视觉和艺术修养，个性特点突出的作品是风格与时尚完美结合的典范。服装设计是满足视觉效果的工作，体现了对设计元素的综合判断和运用。设计创新不应是简单的模仿，而是在总结前人成功经验基础上的升华，是对现有造型做出新的视觉认识的过程。因此，在设计中应不断更新设计观念，开阔眼界，积淀审美经验，逐步树立驾驭设计风格的能力（图1–9）。

图1–8 埃里克·琼斯（Erik Jones）个人风格极其强烈的时尚插画作品

插画师埃里克·琼斯的时尚插画作品，始终具有一种超现实主义风格，大多以女性为题材，运用鲜艳的色块，表现女性性感前卫的一面，可谓时尚惹眼，风格鲜明。

图1-9 不同风格的设计师为品牌Christian Dior 带来了截然不同面貌的高级定制

约翰·加利亚诺（John Galliano）（上）和拉夫·西蒙（Raf Simons）（下）先后执掌Dior品牌多年，二位设计师无论从个人穿着风格还是作品风格来看，都呈现出截然不同的设计性格，但却都直指人心，令人印象深刻。

20世纪90年代是继80年代的物质主义狂热之后的冷静期，是一个没有限度的时代。资讯泛滥是过去二十多年的显著特征，其间时装潮流体系几乎融合了世界上任何一种媒介体系的灵感和元素，甚至于一部电影、一张唱片都足以渗入到时装界，成为当时的潮流飓风。以下是20世纪末步入新世纪以来最具影响力的时装潮流风格。

一、安特卫普新浪潮（Antwerp New Wave）

兴起年份：20世纪90年代。

代表人物：德利斯·凡·诺登（Dries Van Noten）、马丁·马吉拉（Martin Margiela）、安·德劳米斯特（Ann Demeulemeester）、迪克·比肯堡（Dirk Bikkemberg）、沃尔特·凡·拜伦多克（Walter Van Beirendonck）、约瑟夫·提米斯特（Josephus Melchior Thimister）合称安特卫普六君子。

兴起背景：1990年以后的时装界在多元化中充满了各种可能，它要求更新鲜和更实验的风格。安特卫普六君子的设计美学是非完整主义。借鉴日本的前卫时装设计，加上自己的演绎，形成独特的风格。他们的作品充满创意及令人赞叹不已的表现手法。由于科技和电脑技术的发展，虚拟形象成为偶像是20世纪90年代出现的新气象。安特卫普新浪潮的迅速兴起，正是代表了时装设计国际化的大趋势，对控制时装业的巴黎造成了冲击（图1–10）。

二、吉拉吉运动（Grunge Movement）

兴起年份：1990年开始。

代表人物：安娜·苏（Anna Sui）。

兴起背景：Grunge是美国俗语，本意指“难看难闻、肮脏丑陋的东西”。而这里指出现于20世纪80年代末期源自西雅图后朋克时代（Post Punk）延续的新音乐，主要是嘈杂的电子音乐。作为重金属摇滚音乐的一种，它对于服装的款式以及所附带的亚文化有着深远的影响，这样的风格风靡了无数80年以后的新一代。而其中以绿河乐队（Green River）、科特·柯本（Kurt Cobain）的涅槃乐队（Nirvana）以及珍珠果酱乐队（Pearl Jam）等为代表。相对稳定的社会环境所带来的物质主义和个人主义，使这一代年轻人更多地关注自我感受。由于这样的心理特征和后朋克精神的延续，再加上较为炎热的海洋性气候，不修边幅的衣着，如T恤、格子恤衫、军裤、穿旧的夹克、厚底波鞋等成为他们的打扮特征。事实上，“脏乱时装”虽然成为历史名词，但它的影响已渗入潮流之中（图1–11）。

图1–10　品牌Walter van Beirendonck 2016春夏巴黎秀场

这位来自安特卫普的设计师擅长游戏化的玩味手法，每一季发布都能感受到其立体造型的拼接和服装结构有机的协调，传统西装在其手中变得新奇又可爱，受到普遍欢迎。

图1-11　品牌Vivienne Westwood 2015秋冬巴黎秀场

"朋克至死"的西太后延续了一贯的戏谑风格，怪诞妆容，极致混搭，仿佛一场极富挑衅味道的狂欢。

图1-12　品牌Dondup 2018秋冬米兰

都市摩登女性不再刻意追逐女性的曲线，而展现个性的中性风穿搭深受追捧，用更纯粹的轮廓诠释穿着的态度。

三、中性风潮（Unisex Movement）

兴起年份：1996年秋冬季。

代表人物：古驰（Gucci）、让·保罗·戈尔捷（Jean Paul Gaultier）、瓦伦蒂诺（Valentino）、卡尔文·克莱恩（Calvin Klein）。

兴起背景：服装的中性化趋势在整个服装史中已是屡见不鲜。尤其是在两次世界大战之后，女装开始趋向男装的风格，折射出当时社会和文化的发展。而1996年秋冬又突然间兴起一阵女扮男装热潮。风头最劲的要算Gucci的丝绒套装。标准打扮是内衬恤衫要解开扣子并且系上小方巾，梳上滑亮的后背头（图1-12）。

四、内衣外穿热潮（Lingerie Fever）

兴起年份：1992年春夏、1996年春夏兴盛。

代表人物：安娜·苏、科劳耶（Chloe）、让·柯罗纳（Jean Colonna）、马丁·西特伯（Martine Sitbon）、比尔·布拉斯（Bill Blass）、科莱特·迪尼冈（Colette Dinnigan）、尚塔尔·汤玛斯（Chantal Thomass）。

兴起背景：内衣外穿热是设计师在刻意迎合男性欲望的生理反应还是无法避免性感当道？无论什么原因，都让我们看到了过去只有在闺房展示的内衣被一下子搬到舞台和公众眼前；或者本应该被外衣所遮盖的，现在堂而皇之地出现在外衣的外面。各大秀场上的内衣外穿所带来的是全新的视觉体验和时尚观念。而内衣商店也充满着娱乐和浪漫的气氛，各种乳罩（这个时期最出名的是被称为“神奇乳罩”的内衣）、内裤、紧身胸衣、束腰带层出不穷，应有尽有，为顾客打扮出一个年轻的体态（图1–13）。

五、反时尚运动（Anti–fashion Movement）

兴起年份：1996年春夏季。

代表人物：古驰、米索尼（Missoni）、詹尼·范思哲（Gianni Versace）、普拉达（Prada）。

兴起背景：20世纪70年代的廉价品位一下子征服了1996年的夏季。70年代的穿着重简朴和随意，牛仔裤成为这个时期的象征。最激进的“朋克”们光头、纹身，在身体各个部位穿孔带环，穿着拖沓不堪——廉价的皮衣、闪光的鲁勒克司上衣、军队制服、皮靴，凡是社会认为最低俗的穿着就是他们的选择，表现出对未来没有信心和对社会的质疑。而设计师们则众口一词认为“品位不分好坏”。卡尔·拉格菲尔德（Karl Lagerfeld）更是说“好品位通常缺乏幽默感”（图1–14）。

六、新伦敦热（New British Force）

兴起年份：20世纪90年代初。

代表人物：菲利普·崔西（Philip Treacy）、安东尼奥·布拉迪（Antonio Berardi）、朱利安·麦克唐纳德（Julien MacDonald）、侯塞因·卡拉扬（Hussein Chalayan）、约翰·加利亚诺、亚历山大·麦昆（Alexander McQueen）等年轻英伦时装新人类。

兴起背景：英国在20世纪70~80年代陷入了经济衰退期，时装界亦一蹶不振。然而80~90年代之际衍生了一批主要来自中央圣马丁艺术与设计学院、伦敦皇家艺术学院、伦敦时装学院等高校的独立设计师，

图1–13 品牌La Perla 2015春夏巴黎高定秀场

意大利顶级内衣品牌La Perla在本季高级定制中大胆把外穿胸衣的概念传递给众多追求时尚的女性们。

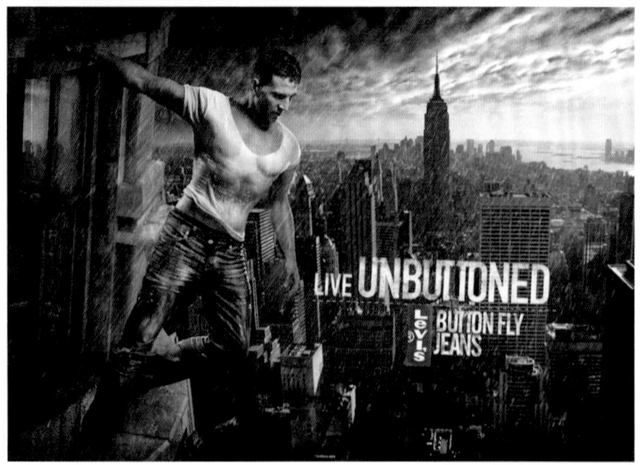

图1–14 品牌Levis 2009年平面广告

成衣品牌Levis推出了排扣式（Button Fly）牛仔裤的平面广告，平民牛仔裤在这里极具震撼力的表现，酷劲十足。

他们凭借出色的、独具创意的设计开始重新吸引时装传媒的注意力，一改以往伦敦时装周的沉闷气息（图1–15）。

七、2000年情结（2000 Synthesis）

兴起年份：1995年春夏为初盛期，1998年再盛。

代表人物：让·保罗·戈尔捷、詹尼·范思哲。

兴起背景：20世纪60年代人类对宇宙的好奇引发时装界兴起太空装热潮。美国“阿波罗”登月计划的成功让所有人兴奋和疯狂。著名设计师安德烈·库热雷（Ande Courreges）就曾在1969年推出“未来时装”系列。随着2000年的来临，设计师探索未来的欲望更强盛，同时反思自身并意欲探索和挑战生存的空间和界限。设计师自然再向前看，着手研究21世纪的流行风格。此外，荧光色、具有闪烁效果的塑胶制品等衣物都成为外太空和未知可能性的标志。于是“太空热”就成为新时期不可抗拒的流行元素（图1–16）。

图1–15　中央圣马丁艺术与设计学院毕业作品

以中央圣马丁艺术与设计学院为首的伦敦时尚高校为新世纪的欧美时尚界注入了爆发力十足的年轻设计血液。

八、民族情怀（Ethnic Feelings）

兴起年份：1996年秋冬至1997年。

代表人物：三宅一生（Issey Miyake）、让·保罗·戈尔捷、高田贤三（Kenzo）、德利斯·凡·诺登、安娜·苏、谭燕玉（Vivienne Tam）、克里斯汀·拉克鲁瓦（Christian Lacroix）。

兴起背景：有部分设计师喜爱采用某些民族的服饰元素作为创作灵感，拉丁、非洲、西班牙、苏格兰、印度、日本等民族风格从20世纪80年代后期开始在每季的时装展中成为吸引观众眼球的亮点。1996 ~1997年更兴起一片东方热，约翰·加利亚诺在游历了东方的神秘国度之后将各种民族风格整合，用夸张与反复的手法带来超刺激的视觉体验。迪奥的“中国娃娃”及谭燕玉的“毛泽东像”都成为其中的经典代表。设计之外，今天我们看到越来越多的东方面孔诸如刘雯、孙菲菲、雎晓雯、何穗等新生代超模为欧洲T台带来了清新的亚洲风情（图1–17）。

图1–16　品牌Kay Kwok 2014秋冬伦敦秀场

年轻的独立设计师郭子锋擅于把未来主义作为设计理念加以表现，在其个人品牌发布中可见一斑。

九、东赢风（Japanese Influence）

兴起年份：整个20世纪80~90年代。

代表人物：山本耀司（Yohji Yamamoto）、川久保玲（Comme des Garcons）、三宅一生、渡边淳弥（Junya Watanabe）、小野冢秋良（Akiva Onozuka）、田山淳朗（Atsuro Tayama）、高桥盾（Jun Takahashi）。

兴起背景：20世纪70年代高田贤三、三宅一生等已进军巴黎，为日本时装进驻西方打好基础。20世纪80年代山本耀司及川久保玲发表的乞丐装引起极大反响，影响力迅速伸延至整个时装界，因此山本耀司和川久保玲在巴黎拥有崇高的地位。此后，日本设计师又逐步在时尚界确立了自己的地位。现今的日本服装设计师，在前辈们的基础上，努力吸收西方时装的精髓，致力于弘扬东方文化。以和服及浮世绘等为代表的日本民族元素也同样成为西方服装设计师的新宠（图1–18）。

图1–17 品牌Yiqing Yin 2012秋冬巴黎高定秀场

华裔设计师殷亦晴的剪裁手法既有东方写意的流畅、豪放的意境，同时又兼具欧式文化内涵。

图1–18 品牌Yohji Yamamoto 2014秋冬巴黎秀场

以缤纷大胆的手绘涂鸦，将浮世绘式印花迸发出新的东方活力。

十、游戏风格（Play-Style）

兴起年份：2000年初。

代表人物：约翰·加利亚诺、亚历山大·麦昆。

兴起背景：新世纪以来人们感觉地球转得更快，信息爆炸、资讯泛滥、高频率快速度、快餐文化和消费主义要求所有的商品都要能快速有效地刺激眼球。与此同时，人们的心态也在变化，稳定的社会环境拓宽了社会的包容限度，滋生了新的娱乐精神。不用担心大规模的战争和政局变动，人们开始期待好玩的、新鲜的体验。日本的漫画文化以及衍生的角色扮演（Cosplay）风靡了全球，娱乐和综艺节目成了人们的首选。在这样的背景下，游戏风格的服装就不自觉地兴起了。更多的年轻设计师运用后现代的服装语言，如解构、折中、无序和戏谑等表现手法，加以更游戏和放松的心态来做设计（图1–19）。

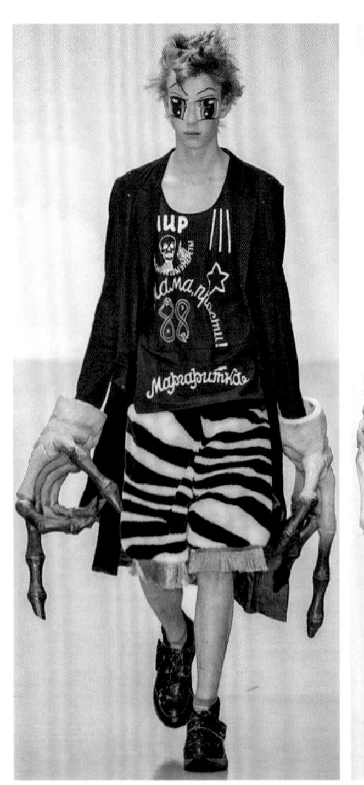

图1–19 品牌SANKUANZ 2015春夏伦敦秀场

上官喆作品让人觉得独特、简单却又叛逆怪诞，把游戏化的表达与时尚相互结合，加上模特手上那特别的怪兽手套道具，搞怪的化妆，创造出强烈的视觉冲击。

十一、波西米亚风格（Bohemian Style）

兴起年份：2000年后兴起，2003年达到顶峰。

代表人物：约翰·加利亚诺、安娜·苏。

兴起背景：波西米亚风格无疑是2000年后席卷几个大陆最具影响力的风格之一。它的流行和其民族的文化密不可分。波西米亚人、弗拉门戈人、茨冈人等都是不同支系的吉普赛人，他们最早来自于印度的西北部，由于居无定所，所以世界很多地区都有他们的足迹。从俄罗斯高加索山区到北非的摩洛哥，当然更多的是在欧洲。波西米亚人，是一个包含着很多魔幻般想象力的人群，他们能歌善舞，将自己的身体裹在凌乱而构造复杂的纺织物里，蕾丝、重叠的褶皱，松松垮垮的，色泽暗淡的、刺绣的、层层叠叠的，最后使人看上去有点饮酒过量精神涣散的感觉（这也是时尚界给“波西米亚”最初的定义）。事实上，这种风格的形成，完全取决于生存状态。波西米亚人表现出的哀伤忧郁与狂热奔放并举，颓废又华丽地蔑视规则，并彰显着无所谓的生活态度（图1-20）。

十二、简约风格（Simple Style）

兴起年份：2005年末期至2006年。

代表人物：吉尔·桑达（Jil Sander）、侯塞因·卡拉扬、卡尔文·克莱恩。

兴起背景：从2006年起，整个国际服装界的流行趋势有两个字席卷到了各行各业，甚至是生活方式——简约。简约的风格一直有着一定的受众群，并长期为很多知名品牌所青睐，而且总是在整个时尚潮流的发展历史中反复出现。用理性和从容的思维来静观，简约和相对的低调成为流行趋势，所诠释的是理性和冷静。收敛的生活态度在很大程度上受到来自亚洲文化的影响，有一些品牌甚至引入了东方传统“禅”的灵感。人们有意识地反思工业时代的痕迹，社会和自然的关系，人性的弱点和欲望的挣扎。开始质疑为所欲为的存在主义、肤浅艳俗的拼凑和中庸无谓的态度。这都取决于新的消费取向和日渐深入的洞察力，使得我们可以真正把服装纳入整个文化系统中，重新组织和转化服装语言，重新考量其涡漩力和表现力（图1-21）。

图1-20 品牌Burberry Prorsum 2015秋冬伦敦秀场

大量运用了花纹系列如波西米亚印花、佩兹利花纹针织，复古怀旧美学充满着民族风和沉淀的味道。

图1-21 品牌Chalayan 2015秋冬巴黎秀场

英国时装奇才侯塞因·卡拉扬本季极简特征明显，干净的剪裁和板型的考究，都让服装品格提高。

第三节 大众传播扩展时尚

人们自觉或不自觉地模仿衣着的行为，常常会成为流行的传播媒介，流行也正是通过大众的参与和互动，形成波及面，达到传播的目的。消费者作为流行的直接参与人，他们的性别、年龄、职业、文化素质、社会地位和经济状况以及个性表现等，直接推动和制约着流行。也就是说，一种时尚风格是否具有广泛性和代表性，它所传递出的时尚信息是否被消费者认知，将直接影响着流行的扩大。

大众传播的方式可以是行为模仿、语言表达、主动参与。每一种新的服装款式，从设计构思到产品面市，并非一开始就博得大家的喜好，在新款式推出的初期，展现于公众面前的是一种“新意”，由公众去欣赏、品味、比较。最初的“新”时尚未必被大众认同，这时需要媒体的推介。新款式上市后，首先是引起部分人的关注，他们捷足先登，满足心理需求，随之这种新意被广泛地传播，为更多的人欣赏和效仿，形成流行时尚的共性化趋势。

服装设计更多的是对流行时尚的全面关注。从大众传播所体现出在款式、色彩、面料、细节等方面的时尚性，发现其主流时尚和个性时尚，用专业的眼光分析它们之间的共性和个性，以及对后续产生的影响和波及。分析预测下季将要流行的时尚要素，提前做出市场反应，这也是时尚设计应该养成的观察习惯（图1–22）。

图1–22 品牌Moschino 2014秋冬米兰秀场

设计师将快餐、卡通和有趣人物的灵感带上舞台，大众消费息息相关的巧克力、糖果、爆米花和麦片盒的包装都呈现在时装上。

第四节　艺术映射影响时尚

如果追本溯源，我们不难发现无论东方还是西方，服装从诞生之日起就存在着各种的思想与文化的内涵和表征，所以说服装文化是一种多源性的文化。尤其在西方，它源于古希腊、古罗马文化，受当时的绘画、雕塑等造型艺术的影响至深，其审美视觉历来重视立体的造型。而如果将艺术史和服装史加以对比，服装的发展其实与很多艺术流派存在密切的映射关系。从古典主义、浪漫主义到巴洛克艺术、洛可可艺术，再到后来的现实主义、极简主义、结构主义、解构主义等，不同历史时期的主流艺术均会在服装中得以体现，甚至有些时候服装本身也是该艺术的重要内容。

图1-23　古典主义

20世纪以来，服装与各种艺术流派相互交融、相互影响，越来越多的经典艺术和现代艺术的表现形式或构成方式均为现代服装设计所采用，因而成为时尚产业的有机组成部分。服装设计师时常借鉴吸收某一类艺术风格来进行服装设计；时尚评论家经常借助艺术流派的理念来解读服装艺术；时尚摄影师在拍摄大片时也会有意识的控制光线、场景等来表达不同艺术风格的追求；甚至部分流行现象也会以某种艺术风潮的名义出现。总之，艺术流派的映射与时尚的联系越来越紧密，影响也越来越深远。

一、古典主义

古典主义一词源于拉丁文Classocus，主要是指对古希腊和古罗马文化的倾慕和模仿，强调对人体自然美好的推崇（图1-23）。在服装上，通常意味着精致高雅、平衡适度、朴素和谐等，视“静穆”为伟大，以“单纯”为高贵，是一种严谨的美学理想。它一般属于块料型，通过包裹形成无形求有形的服装形式（图1-24）。

图1-24　古典主义风格服装作品
——品牌Elie Saab 2014春夏巴黎高定秀场

本季运用丝绸闪缎、带有独特花纹的雪纺、银丝流苏等，充满飘逸轻灵的梦幻色彩，让人联想到古希腊包缠式的褶裥，为所有女人构筑一个童话般的梦。

二、浪漫主义

较之古典主义的理性至上，浪漫主义显得感性和自由（图1–25）。黑格尔对浪漫主义的分析为："浪漫主义艺术的本质在于艺术客体是自由的、具体的，而精神观念在于同一本体之中——所有者一切主要在于内省，而不是向外界揭示什么。"其在美学特征上，可以用个性丰富、斑斓多变、奔放多彩等词汇来形容（图1–26）。

图1–25 浪漫主义

图1–26 浪漫主义风格服装作品——品牌Dolce & Gabbana 2014春夏米兰秀场

设计师描述这一季的作品为"一场潜意识的梦境"，就这层意义来看，这些作品表现了一种现实与虚幻交揉在一起的只在梦中才能找到的情境，西西里岛骨子里的浪漫风情从不会让人失望。

三、巴洛克艺术和洛可可艺术

巴洛克与洛可可是17~18世纪流行于欧洲的两种贵族艺术风格（图1–27）。总体风格上看，巴洛克艺术大气刚健、华丽夸张，有时也会给人矫揉造作之感（图1–28）；而洛可可艺术则轻快秀气、纤细婉转，给人妩媚明艳的感受。二者在漫长的艺术史进程中，将人类浪漫主义的想象以艺术的形式发挥到极致（图1–29）。

图1–27 巴洛克艺术和洛可可艺术

图1-28　巴洛克艺术风格服装作品——品牌Alexander McQueen 2014春夏伦敦秀场

本季的秀场中无疑带有浓厚的古代欧洲宫廷风格，华丽而浪漫的巴洛克印花随处可见，无论是抽象的花纹，还是具体的花卉图案，都以一种华丽而夸张的气质呈现出来。

图1-29　洛可可艺术风格服装作品——品牌Chanel 2015早秋巴黎秀场

本系列凝聚了高级手工坊的卓绝技艺，能感觉出极致优雅，高贵鲜艳的红配上华丽精致的金丝绣花，浓厚的洛可可宫廷风，充满了少女的柔情与甜美以及洛可可宫殿中的浪漫与率性。

四、现实主义和超现实主义

现实主义风格主要遵循真实地再现生活和艺术典型化原则，它注重服装的穿用性和技能性，体现诸如职业、性格、性别特征等，符合民众的主流审美观点（图1-30、图1-31）。而超现实主义正好与现实主义相反，它通常是非理性的、偶尔的和奇特的，具有概念的模糊和形式的不确定性以及感性的浪漫不羁等特征，是梦境与现实的混乱和矛盾，这种超现实艺术的思维让人类设计理念得到前所未有的释放（图1-32、图1-33）。

图1-30　现实主义和超现实主义

图1-31　现实主义风格服装作品
——品牌Alexander Wang 2014秋冬纽约秀场

工装的新潮改装版，上衣改造成了长款风衣，将H型的廓型和超低性感的V字领和利落帅气的多处口袋揉合在一个衣服上，将现实生活中的普通工装变得俏皮优雅。

图1-32　超现实主义风格服装作品
——品牌Dior 2010秋冬巴黎秀场

约翰·加利亚诺用天马行空的创意完全把握高级定制该有的水平，鬼斧神工的裁剪和梦幻的设计形态，超现实主义毫无悬念地再次征服了时尚大众。

图1-33　超现实主义风格时尚大片
——品牌Kenzo 2014秋冬广告

这辑广告大片的创意和设计灵感来源于超现实主义电影导演大卫·林奇（David Lynch），摄影师创作出一系列的超现实照片，色彩艳丽无边。

五、波普艺术和欧普艺术

波普艺术和欧普艺术作为当代流行艺术的重要构成，和时尚本就有天然的关联（图1–34）。作为通俗艺术，波普艺术是大众化、趣味性、商品化和即时性的，它塑造的形象归属于流行，贴近民众的时尚生活，融合高雅生活和街头流行等诸多因素为一体（图1–35）。欧普艺术则几乎与普遍的美学原则正好相反，在秩序中制造一种混乱感，借助一些光效原理处理图形色彩，让人在凝视时产生闪动、眩晕、摇摆、错觉等奇特视幻效果（图1–36）。

图1–34 波普艺术和欧普艺术

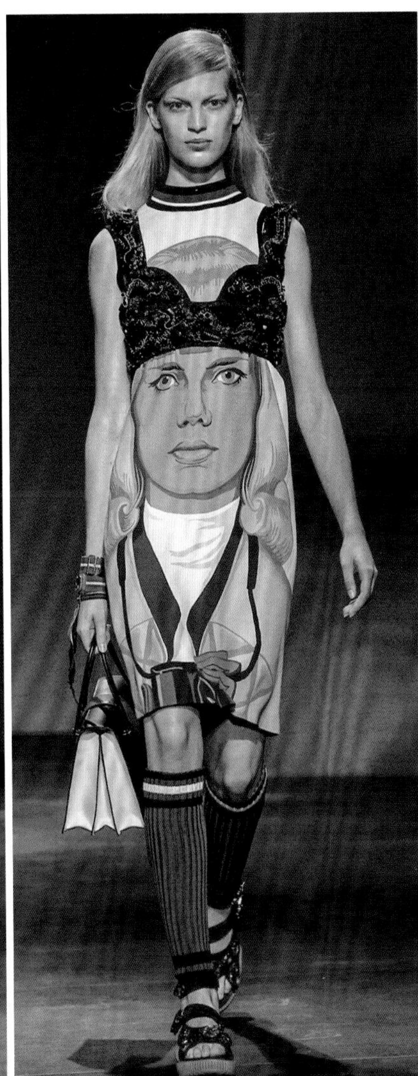

图1–35 波普艺术风格服装作品——品牌Prada 2014春夏米兰秀场

缪西娅·普拉达（Miuccia Prada）女士邀请了6位当代艺术家为该系列创作了6幅色彩浓郁的波普风格女性肖像插画，并直接将插画转印在时装和秀场背景墙上，呈现出一种浓浓的现代艺术氛围。装饰运动细节的时髦裙装与波普艺术风格高调前卫的个性特征相符合，同时诠释出女性独立、勇于挑战的深层次主题。

图1-36 欧普艺术风格服装作品
——品牌Xander Zhou 2015春夏伦敦秀场

中国设计师周翔宇以黑色神秘主义情绪、迷幻感的欧普条纹，带领观众进入一个变幻莫测的幻觉世界，充满科技未来感。

六、极简主义

极简主义强调排除影响主体的不必要因素，用极少的色彩和形象来表现作品（图1-37）。极简主义讲究舒适，在满足服装基本实用功能的基础上尽量去除装饰，具有简洁的结构、朴实的材料、极少的细节、简单的配色、优良的工艺等特征。而随着极简主义的盛行，它也开始被广义的用来形容一种穿着态度和生活方式，追求的是内在的精神和品质（图1-38）。

图1-37 极简主义

图1-38 极简主义风格服装作品
——品牌Jil Sander 2014秋冬米兰秀场

极简女王吉尔·桑达一如既往的干净剪裁与清爽色调，在起伏之间造就垂坠剪影，为轮廓增加一丝流动感，动静皆宜的风范格外强劲。

七、结构主义和解构主义

结构主义亦称构成主义，它排斥思想性和民族性，大多表现为绝对抽象形式和非写实化的追求，凭借几何线条和图像的运用构成抽象的造型，突出表现形式感和结构感，看似简单的款式结构总是蕴含丰富的变化（图1-39、图1-40）。解构主义又称后结构主义，提倡差别的组成和变化，因此结构具有不稳定性和开放性，反对常规和完整，服装上残缺感、缺陷美是解构主义的时尚美学特征，尝试超脱时装设计的既定程式（图1-41）。

图1-39　结构主义与解构主义

图1-40　结构主义风格服装作品
——品牌J.W. Anderson 2014春夏伦敦秀场

设计师将他所提出的“圆柱体”概念发挥到极致，极具建筑感的轮廓和结构，立体剪裁突破比例重组，上身那些充满结构感的服装，不落窠臼的细节设计，呈现完美线条。

图1-41　解构主义风格服装作品——品牌Iris van Herpen 2018秋冬巴黎高级定制

反转折叠连绵无数的褶皱，如同处理白纸一般处理带有光泽感的硬挺面料。迷幻立体图形的解构世界，开启另一个时装的创新理念纪元。

八、装置艺术

装置艺术始于20世纪60年代，也称为“环境艺术”，是现代前卫艺术中一种重要的艺术样式（图1-42）。在短短几十年中，装置艺术已经成为当代艺术中的时髦。它主要是在特定时空环境里，将人类日常生活中的一些物质文化实体，进行艺术性地有效选择、利用、改造、组合，以令其演绎出新的展示个体或群体丰富的精神文化意蕴的艺术形态。简单地讲，装置艺术就是“场地+材料+情感”的综合展示艺术。正是因为装置艺术与场地、行为的天然联系，它在现代时尚发布会中的运用尤为明显，它能够更好地激活观众，有时是为了扰乱观众的习惯性思维，那些刺激感官的因素往往经过夸张、强化或异化（图1-43）。随着科技的发展，装置艺术加入了更多媒介，如电子产品等，尤其是时下最盛行的3D投影（图1-44）。

图1-42 装置艺术

图1-43 装置艺术风格服装作品——品牌Alexander McQueen 1999春夏伦敦秀场

名模莎洛姆·哈罗（Shalom Harlow）身着素白伞裙上场，当她开始优雅旋转时，两边架起的喷涂机往她身上不断喷着五彩颜料。几分钟后，独一无二的Alexander McQueen喷墨彩裙在观众的面面相觑中诞生，稍后台下响起掌声。这种典型的时尚与装置、行为等艺术形式的新颖结合，是秀场的经典。

图1-44 装置艺术在服装发布中的运用——品牌Ralph Lauren 2015春夏纽约秀场

2015纽约时装周上 Ralph Lauren 在纽约中央公园发布了一场别开生面的4D女装秀。将时装、艺术与科技相结合，将4D全息水幕投影在中央公园的湖面上，以此形式发布了全新的2015年春季POLO女装系列。全息水幕投影下的秀场，是史上首次4D技术女装秀，也是科技与时装的创新融合。

小结

服装是和人发生关系的，只有当服装穿在特定的人身上才有其完整的意义。服装也需要第三者的观察，通过观察形成模仿，通过模仿产生流行。流行也需要方方面面的事物来体现，本章重点从流行导向、流行风格、流行传播、艺术映射四个方面，分析时尚性的体现以及其对后续流行时尚的影响。当然，四个方面也会彼此影响、交错共生，因此也可根据这四方面进行扩大化或细化。目的是通过体现时尚的各个方面树立时尚观点，了解时尚美学，对流行时尚作出基本的判断。

FASHION

第二章 时尚元素的创造性思维

服装既是视觉的东西，又是感觉的东西，它存在于一定的环境中和一定的时间内，是具有空间性和时间性的艺术形式，它在特定的社会文化氛围中产生、流行或过时。在构成服装整体美感的过程中，设计师的款式造型虽然重要，但是，服装是和人发生关系的，只有当服装穿在特定的人身上才有其完整意义。也可以说，服装设计美感的最终体现应该是由设计师和着装者共同创造完成的，因此，时尚是综合因素的具体反映。通常我们习惯于对某一事或物展现在大众面前的视觉形象是否新奇来判断是否时尚，这种表象取决于大众对这种事和物的认知度，也就是说它需要方方面面的创新来树立人们对它的新认知，再通过具体的事和物的组合来体现。

服装设计思维是创造性思维。创造的原理是将采集的信息通过整理，以新的观点进行组合，产生新的事物和方法。服装设计的时尚性体现在对设计元素的创新运用之中。所谓设计元素，具体来说，它包括了服装的造型结构、材料工艺、色彩视觉、跨界运用与概念表达等方面，这些要素之间的创新组合才能综合体现服装设计的时尚性（图2–1）。

图2–1　品牌Viktor & Rolf 2017秋冬巴黎高定秀场

鬼才双子星设计师维克托·霍斯廷（Viktor Horsting）和罗尔夫·史诺伦（Rolf Snoeren）再次带来极为奇妙秀场体验，模特出场时都戴着夸张可爱的娃娃头套，然而摘下头套再度登台，同一件设计也变了模样。本季采用了高科技的羽绒防水材质，宽大的夹克被改造成各种奇异的造型，蝴蝶结元素装饰全身和宽大的褶皱廓型对立又和谐，展示了一件衣服拥有的不同穿着可能性。

第一节　造型结构的创新思维

造型结构作为服装设计的首要元素，直接关系到服装呈现出的款型样式。而同时款式作为构成服装造型的三要素之一，起到主体骨架的作用，是服装造型的基础。服装款式的造型首先是以满足人体基本要求为基础，它是人与衣服的总和，是人在着衣后所形成的一种状态。服装的款式要符合时代审美，通过款式轮廓和款式结构的变化，并综合流行要素进行创新（图2-2）。

通常，我们习惯于根据已有的经验在一定的环境、空间及范围内去分析、推理，然而这种方式常常带有一定的局限性，如同我们一开始做设计往往反复纠结于结构的变化，或不停地在款式分割上做加法，走入款式的误区而不能自拔。而一旦我们有意识去移动视点，扩大视线范围，改变传统思维方式，突破传统的时空观念，善于从相关或边缘的角度去观察，就容易产生某种奇特的设计灵感或设计意念（图2-3）。

图2-2　品牌Comme des Garcons 2014秋冬巴黎秀场

设计师川久保玲任何一季的夸张服装造型设计都能带给人惊喜和震撼。这一次她将男士大廓型西装等基本款式不断改良，套上了一条条如同触手般，却又同时以富有工业气息的排列方式纠缠在一起的棉质条状装饰，气场十足又带着些许恐怖色彩。

图2-3　品牌Stella McCartney 2015秋冬巴黎秀场

斜肩的款式是经典的性感，同时利用多种立体垂坠设计和宽松剪裁展现出女性摩登不羁的全新时尚态度。

图2-4　品牌Aganovich 2015秋冬巴黎秀场

正面层叠的弧线形与背面打褶板型，把常规的对襟变成交错的视觉效果，一改高领白色棉质T恤和黑色大衣的正式感。

造型结构上的创新，首先，要从服装轮廓变化上对款式产生总体印象的改变。通过浏览每年两季的流行资讯，比较分析服装的造型变化，如结构中的长短变化、大小变化、松紧变化、疏密变化、正反变化等。其次，对服装局部结构上的变化进行总体分析，如领口的高低、口袋的大小、袖子的长短、门襟的处理等。根据这些总体印象和相关背景资料分析，对服装款式整体造型进行全方位思考，再选择符合时代审美要求的方式来表达。服装造型的创新是建立在设计定位、信息资料的分析及市场调研的基础之上，也是款式设计的关键（图2-4~图2-7）。

图2-5　品牌Helen Lawrence 2015秋冬伦敦秀场

通过运用针织面料的特殊性能，把原本单一的款式解构，内涵丰富，细节精彩，局部结构的多样变化更加耐看。

图2-6　品牌Comme des Garcons 2015春夏巴黎秀场

川久保玲总能凭借匪夷所思、变化多端的廓型的使用，创作出的服装造型给人不明觉厉的震慑。

图2-7　品牌J.W.Anderson 2015秋冬伦敦秀场

通过省道的转移与领口线的结合，别致的开刀使多余的量形成自然褶皱，既新颖又能保持其优美的曲线。

第二节　材料工艺的创新思维

这里所提及的材料不仅仅指面料，它可以是设计一个系列服装中所用到的各种原料。虽然服饰品通常是用纺织品为原材料制作的，但另一些材料如皮革、毛皮、塑料、玻璃、金属，甚至木头等都可能被设计师们大量地在服饰中使用。

很多著名的服装设计师非常注重对材料创新性的研究，充分利用材料的性能，达到造型的种种可能，如服装雕塑大师三宅一生，利用折纸灯笼般的长裙，边缘锐利的大褶皱，独树一帜的奇特面料，从1992年起开始推出的“我要褶皱”（Pleats Please）系列，多年来被越来越多的不同年龄与气质的女性采纳，说它是时装不如说是一种新的穿着概念，其中包含了无法用言语表达的内涵。这需要对材料性能的了解和审美意境的把握，力求达到设计与材料内在品质的协调统一（图2-8）。

材料是体现服装款式的基本元素，无论款式简单或复杂，都需要用材料来体现，不同风格的款式要选用不同的材料。通过一些工艺手段在材料组织上创新是很多设计师常用的手法之一。在这个过程中，材料的外观肌理、物理性能以及可塑性等都直接制约着服装的造型特征。我们常说“没有过时的材料，只有过时的设计”。虽然此话过于绝对，但它说明材料对于设计的重要性。过时与不过时只是相对而言，材料也需要有效地组织和配搭，通过对比产生美（图2-9、图2-10）。

图2-8　品牌Issey Miyake“我要褶皱”系列

三宅一生的褶皱服装是通过着装者的穿着行为完成最后的造型任务。他的褶皱方案是永久的，在面料整理阶段就以高科技的处理手段完成褶皱的形状，并且不会变形。完美的褶皱感觉给他的服饰以商标式的外观。

图2-9 品牌Stephane Rolland 2014秋冬巴黎高级定制

设计师以巧妙手法描摹充满戏剧冲突的高级定制，融合日本诗意美学，运用标志性的3D剪裁效果，以超高的缝制工艺，给服装面料带来了新的意境深度。

图2-10 帕森斯设计学院（Parsons School of Design）2015艺术硕士毕业作品

通过编织处理，让不同纺织物之间结合，让简单的面料产生新的肌理效果。

巧妙地、科学地利用材料本身特有的美感，是现代服装设计师的智慧所在。如纤维的手感、视觉感和服用性能可能会决定它的使用；轻薄而透明的硬纱可能会诱发设计师设计出漂浮轻柔感的服装；厚重的麻织物可能会激发设计师在服装配饰或服装细节的配搭组合的设计；具有光滑表面、轻柔且悬垂性良好的面料，会让人想到在礼服上的使用；具有趣味性又有休闲风格的刻花毛皮，也能激发设计师在高级时装上的创新。因此，从材料的组织、配搭、后处理、再造等方面着手，都能给设计带来新的思维空间和表现手法（图2-11）。

服装设计的最终效果是以成衣出现的，因此，作为设计师在运用不同材料的时候，不仅要具备良好的艺术修养和造型基础能力，同时也应懂得如何使自己的设计构想通过结构和制作工艺达到设计的最佳效果（图2-12）。虽然工艺手段创新通常是服装款式设计者最不首选的设计方法，但它往往可以创造出在平面款式设计中不容易想到的变化。如运用立体裁剪对结构工艺的直观造型变化的调整，运用制作工艺对材料肌理、装饰线型的部分强调。在这方面，日本设计师尤为突出，以川久保玲和山本耀司为代表的日本设计师，在工艺手段、结构处理上总能给人以亮点，他们善于研究工艺、结构变化的可能性，甚至打破传统结构，提出无结构设计的观点（图2-13）。

图2-11　各式结构创新和工艺创新带来的全新面料肌理，极大地丰富了设计手段

图2-12 品牌Maison Margiela 2017春夏巴黎高定秀场

司空见惯的薄纱材质，以人脸塑形的方式震撼了世人，由加利亚诺执掌设计，联手英国艺术家本杰明·夏恩（Benjamin Shine）完成。

图2-13 品牌Yohji Yamamoto 2013秋冬巴黎秀场

运用褶皱面料，巧妙地通过缠绕、穿插的构成手段，产生了立体层次和视觉效果。

随着科技的发展，服装的工艺早已超出了传统的结构工艺和缝制工艺，结合各种新材质的属性，对这两方面的研究已在不断的实践中得到深化。通过技术手段的升级和创造性地发挥来实现材料的新拓展。增强立体思维空间，充实和完善设计构思，也是当今服装设计创新很重要的组成部分。这种创新需要对服装工艺的熟悉，需要抛开传统工艺的束缚，探索新工艺、新技术在服装上的各种应用性，拓展了设计可能性（图2-14）。

图2-14 品牌Iris van Herpen 2017秋冬巴黎高定秀场

Iris van Herpen 是荷兰最受国际注目的新锐前卫设计师品牌。艾里斯·范·荷本也是土生土长的荷兰设计师，擅长从服装材质本身出发来做设计，以前沿创新材质的研究，辅以夸张的造型，让人对她的作品留下非常深刻的印象。

第三节　色彩视觉的创新思维

色彩是创造服装整体视觉效果的主要因素。从人们对物体的感知程度来看，色彩是最先进入视觉的。此外，色彩常常以不同的形式和不同的程度影响着人们的情感和情绪。因此，色彩是创造服装整体艺术氛围和审美感受的重要因素（图2-15）。

在服装设计中，色彩与其他任何流行元素都不同，没有什么色彩是永远流行的。一种色彩或色彩组合，也许今天让我们无法接受，但明天可能会使我们心醉神迷。流行时尚的发布首先也是从流行色开始，其次才是流行面料、流行款式的发布。对色彩的分析运用，体现了设计师对色彩构成基本知识的掌握，对流行色彩的敏锐，对色彩审美的修养，以及对色彩搭配的组织能力等。同时，服装色彩受面料质感和肌理的影响，相同的颜色在不同的质感和肌理上所反映出的视觉效果是不相同的。因此，对于服装色彩的运用不能停留在一般性的认识和理解上，应充分把握其面料质感和色彩之间的内在联系，灵活地控制色与色之间的比例关系、冷暖关系、纯度与明度的关系以及对比与互补之间的关系。每年流行在面料上的色彩变化，很多设计师都在运用不同手法，视觉效果也各异，从整体到局部、从单色到多色、从叠加到渐变，而这些手段始终是控制在流行色的参考范围之内，通过不同的色彩运用手法，在体现时尚性的同时丰富了设计表现力（图2-16）。

图2-15　品牌Giambattista Valli 2014秋冬巴黎高级定制

本季设计师以荧光色的渐变形式让人感受到了仙气来袭，蕾丝裙叠加配以修长、优雅和成熟的线条，华美至上，优雅升级。

图2-16　2018春夏伦敦施华洛世奇国际时装大赛（Swarovski International Catwalk Competitio）作品
伦敦大学生时装周，新生时尚力量的汇聚地，年轻的设计师们始终都敢于尝试各式鲜艳夺目的色彩去表达自己的设计话语。

色彩作为流行的一个关键要素，需要设计师对已发布的流行色提案进行归类，对设计师在发布会上的作品中流行色的应用进行分析判断，发现其共性和个性，结合目标市场和设计定位确定主色系和辅助色系。将色彩在服装中的主导地位贯穿始终，最大限度地运用好色彩（图2-17、图2-18）。

图2-17 品牌Versace 2018早春系列

设计师带来了一个充满色彩、个性且阳光气息浓厚的早春度假系列，鲜艳夺目的印花图案、错综复杂的色彩碰撞，都昭示了一颗狂放不羁的心。

图2-18 品牌Tata Naka 2017早春系列

来自伦敦的姐妹花设计师塔玛拉（Tamara）与娜塔莎（Natasha）于中央圣马丁艺术与设计学院毕业后，发表了以两人儿时乳名Tata Naka为名的独创品牌。将民族色彩与趣味涂鸦相结合，表现出既单纯又细腻的设计风格。

第四节　跨界元素的创新思维

近年来，跨界元素和混搭风潮席卷了整个时尚领域，从设计到品牌，从企业到卖场，跨界都是最常见的字眼。跨界元素，并不是特指具体的元素实体，而是一种实践手段，也是一种设计方法，是在此过程中有可能迸发出的为时尚传播服务的文本或概念，已经不仅仅指两个不同领域的合作，在更多时候，它更代表一种新锐的生活态度和审美方式。

电子商务时代的迅速崛起和大数据时代的来临，让大多数服装企业对于跨界这件事都寄予了厚望，闭门造车和一枝独秀已没有从前的魄力去坚挺地存在了，跨界也越来越作为更多企业愿意去尝试的一种便捷的商业模式。一些品牌之间的文化、服务、理念相近或相悖的企业，都在寻求不同领域的合作，从而产生新的亮点，试图以此制造更多的消费体验和购买动机，收获更大的市场效益。服装品牌纷纷展开跨界合作，优衣库在店内摆放了沙发、桌子、椅子和一个IPad站供顾客使用；Gap的概念店开始售卖第三方提供的杂志、书籍等非服装产品；时尚品牌Ralph Lauren旗下的摩纳哥会馆（Club Monaco）把布鲁克林地区当红的Toby’s Estate咖啡馆和纽约著名的The Strand书店请进自己的旗舰店；设计师品牌John Varvatos甚至在自己的店里开设了酒吧。

而在服装设计中，跨界最大的益处是让原本毫不相干甚至矛盾、对立的元素，相互渗透与融会，产生新的设计契机。跨界的英文为Crossover，意思是跨越不同领域、不同行业、不同文化、不同意识形态等范畴而产生的一个新行业、新领域、新模式、新风格等。事实上，我们以前通常说的“古为今用”“洋为中用”“融汇古今”等艺术语汇就是最初的跨界模式。

艺术设计的繁荣促进了文化形式的创新，促进了文化载体的创新。在艺术设计的创新过程中，无论是吸收和弘扬传统的品牌文化，还是借鉴其他优秀文化成分，通过对其现实价值的积极挖掘，都可以很好地为设计服务，满足人们对产品不断升级的审美需求和艺术品位。马克·雅可布（Marc Jacobs）执掌Louis Vuitton时，将街头文化和波普艺术大量引入，日本艺术家村上隆（Murakami Takashi，图2-19）和草间弥生（Yayoi Kusama，图2-20）是比较典型的两位，他们把自己的艺术符号借由商业传播给大众。符号文化与奢侈品的当代营销策略相结合，已经成为一种时装品牌的新身份图腾。

跨界设计，首先要具备跨界思维。所谓跨界思维，就是大世界大眼光，多角度、多视野地看待问题和提出解决方案的一种思维方式。它不仅代表着一种时尚的生活态度，更代表着一种新锐的世界大眼光和思维特质。跨界设计不单是外观设计，更是从服装概念设计到品牌形象策划等一条完整的设计

图2-19　艺术家村上隆与品牌Louis Vuitton

村上隆在Louis Vuitton经典纹样基础上创作了色彩鲜亮的“多色花押字图案”（Multicolore Monogram）系列，他的“熊猫”“太阳花”等经典元素也登上了Louis Vuitton最经典的皮包，让我们见证了高级时尚和高级艺术碰撞带来的有趣设计。

图2-20 艺术家草间弥生与品牌Louis Vuitton

草间弥生堪称“波点太后”，她将波点元素植入服装和橱窗的载体中，制造出一系列视觉感强烈的Louis Vuitton波点艺术品。

产业链。设计所涉及的主题已不仅是纯粹地解决问题，而是当代设计艺术与其他学科如何结合的问题，给广大设计师和艺术家都带来了重大机遇与挑战。服装设计本来先天就具有交叉学科或跨学科的性质，现在越来越多地具备文化意义，美学、文学和工程学等学科都让服装和时尚不再单一，从传统到现代，从东方到西方，从硬件到软件，从有形到无形，跨界博采众长，凝聚成自身独特优势，让服装设计迸发出更强大的生命力。

著名华裔艺术家蔡国强跟世界各种顶尖品牌都

有过合作，知名美术馆、汽车品牌、时尚服饰、国际银行、文艺书店等，都留下了他大量令人震撼的跨界案例（图2-21）。他与日本服装设计大师三宅一生合作的“爆炸时装”，更是一场很过瘾的“破坏艺术”。1998年，三宅一生倾注热情在服装系列“我要褶皱”，在卡地亚基金会展览上，蔡国强将超过50件褶皱的衣服排成了一条龙形，然后用火药把衣服爆破（图2-22）。新的印花工艺要求在衣服印上诡异的燃烧过的巨龙图案，三宅一生要大批量生产这种服装。蔡国强很是顽皮地说：“三宅给了我这么好的东西供我毁坏，我很兴奋。”

图2-21　著名华裔艺术家蔡国强

图2-22　1998年卡地亚基金会展览，三宅一生和蔡国强合作经典的“我要褶皱”系列之一

第五节　概念塑造的创新思维

所谓“概念”指的是“反映对象的本质属性的思维形式”，是“人们通过实践，从对象的许多属性中，抽出其特有属性概括而成”的。人对世界的认识、人类的全部文化、科学知识以及思想，都是由概念组成的。

在设计中，对概念的塑造与表达比其他设计元素更加不受现实条件的约束，而比较倾向于勾勒在最佳状态下能达到的未来思想。通常它强调的是创新性、前瞻性或指导性。因此，简单说来，在服装设计中，概念类服装更多的是提供一种“思想”。这类服装大都具有浓烈的设计师个人主义的特征，既是极具设计师个性化和主观化的作品，而同时，它们所传达出的前沿性和未来感，又能影响时尚轨迹的走向。概念类服装强调对未来趋势的把握，区别于流行趋势的地方在于思考的深度更远、范围更广、意义更深刻。随着科技的迅猛发展，新材料的介入，以及新的设计手段的运用，服装设计和秀场发布所蕴含的概念性愈加明显，这也让服装设计这个行业自身的艺术品格和思想内涵更加丰富。

概念类时装具有很强的探索性和前沿性。在概念服装初始的构思与设计阶段，通常不会过多地涉及现实的、具体的功能问题。概念设计强调在服装的某一方面进行尝试和试验，即意味着不确定性，既可能和服装本身有关，也有可能和其他元素有关，这一点在当今品牌商业活动中表现得十分明显。既然是试验性质的，那就要求设计师具有足够的勇气去尝试最新的技术、材料、工艺、观念、生活方式等，在产品里面凝聚时代最先进的技术成果，使其处于时代的前端。它可以是新颖独特，也可以是叛逆另类；可以让人舒畅热烈，也可以使人刺激难受。总之，概念类服装设计这种另辟蹊径的思考方式也让设计诠释出更加强大的新力量（图2-23）。

图2-23　品牌Alexander McQueen气场强大的概念服装

关于概念服装的设计，诚如英国时尚教父麦昆所说“你必须找到打破陈规的方法，这也是我被赋予的责任，打破陈规又能保留传统中最美的部分（You’ve got to know the rules to break them. That’s what I’m here for, to demolish the rules but to keep the tradition.）。”

正是由于概念元素具有很强的包容性，因此概念类服装的设计一般会与前文提到的跨界融合紧密联系起来。而设计也通常会以艺术的方式来呈现其概念性的思考。例如Iris van Herpen，这个来自荷兰的年轻前卫设计师品牌，擅长结合科技感面料与夸张造型来传达出全新的高定概念，其作品具有极强的识别性和影响力。其2014秋冬女装秀，以波光银色和黑色礼服汇集优雅。T台的背景是三个巨大的透明真空袋里包装的三个模特，感觉更像是行为艺术表演的现场。T台旁模特被放进真空塑料袋中，似乎暗示全新的科幻作品即将诞生，模特无论身着奶油色钉珠刺绣装饰连衣裙，抑或是仿魔鬼鱼纹理织物外套，均呈现极富戏剧性的剪裁轮廓，再搭配高耸如犰狳形状的鞋子，让人联想到设计师亚历山大·麦昆的设计。强大气场的作品，令人“窒息”的设施，还有真空袋里表情痛苦的模特，服装在设计师的手中俨然已经成为令人窒息的未来艺术（图2-24）。

图2-24 品牌Iris van Herpen 2014秋冬巴黎秀场令人窒息的创意概念

同样在时尚摄影领域，为了表达一种“永久保存爱情”的观念，日本摄影师川口（Haruhiko Kawaguchi）拍摄了一组非常极具特色的作品，并取名为《保鲜之爱》（*Flesh Love*）。摄影师随机地在夜总会、酒吧等地挑选夫妇来共同参加这样的拍摄，将他们装进大型的真空袋中，将里面的空气抽到真空，然后掌握好仅有的几秒钟时间，用镜头记录下这些“零距离”情侣之间的奇特状态。他只是希望借这样的摄影让夫妇能更深刻地感受到彼此的爱，且赋予和平更多的想象空间。（图2-25）。

图2-25 日本摄影师川口（Haruhiko Kawaguchi）摄影作品《保鲜之爱》（*Flesh Love*），奇特的零距离空间

小结

服装与时代文化的发展紧密相连，时代文化需要时尚来体现。服装作为时尚变化最为敏感的行业，应该从哪些方面来理解和看待时尚呢？本章从服装组成的三要素——款式、色彩、面料以及实现这三要素所需要的工艺，分析服装设计中的创新与时尚。同时，时代变迁带来的新理念思潮和跨界设计趋势，都让服装这个传统行业迸发出新的生命力。通过这些方法的学习与研究，使我们能从专业的立场去掌握观察事物方法，以及思考问题的角度，感受流行时尚的变化。

FASHION

第三章 时尚元素采集与创意灵感捕捉

优秀的设计作品由各部分组成，是设计要素共同配合衬托的结果。设计师的任务就是选择这些流行元素，并把它们很好地融合到一件既时髦又具有功能的服装中去。作为服装设计的基本要素：款式、色彩、面料、细节、装饰品，在设计作品中都占据了相当重要的地位，但一般会有一种要素占据主导地位，它们彼此间存在着一种默契，通过相互间的配合，形成一个整体的视觉，才能产生真正意义上的元素重组（图3-1）。

通常，从流行时尚元素的采集中获取设计灵感的途径有四种。

（1）从物质世界获取设计灵感：包括从大自然获取灵感，如仿生服装、花卉色彩、景色意境等；相关艺术的借鉴，如绘画、建筑、雕塑、音乐、舞蹈等；材料的启发，如服装合成材料的质感，皮革材料的可塑性，金属材料的装饰性，以及木、纸、塑料等一些非织物材料对设计创意的启发（图3-2）。

（2）对他人经验的借鉴，即向大师学习：通过他们的作品可借鉴一些表现手法、主题概念、个人风格或局部细节的处理方式。借鉴的目的即为“拿来”再结合，使借鉴元素成为新整体的有机部分，构成新的秩序。

（3）对民族文化内涵和精神的体验：曾经流行的波西米亚风格和东方元素成为一个时期的时尚，对于民族文化不能只是简单的标签式贴图，应考虑文化发展所具有的时代特征，用时尚元素和现代手法演绎传统。如可以从民族服饰的基本型、手工面料、代表性色彩、典型配饰等方面进行演绎。

（4）时代文化的发展，新科技、新技术、审美观念、流行思潮对服饰的影响：服装的设计及其风貌反映了一定历史时期的社会文化形态，是时代的窗口。曾经流行的运动风格、军旅风格、怀旧风格、中性化风格等都反映某个时代的文化特征。新科技、新技术带来保暖内衣，纳米技术的运用，环保材料的使用，对太空的探索，网络的虚拟世界都给设计增添了想象的空间。

流行元素的采集，需要关注国际纺织服装机构发布的相关信息，并对信息加以分析、整理、归类，结合国内市场把握未来流行方向。获取信息的渠道包括定期或不定期的出版物、宣传册以及主流期刊；专业媒体报道、专业网络资讯以及流行色彩、款式、面料的综述；各地的服装节、服装展会；时装秀场发布，产品流行趋势发布；相关服装专业理论和专业论坛等。

几大主流时装周和具有代表性设计师的流行发布，以及国际纺织品市场推出的新工艺、新技术、新材料的信息和它们在设计师作品发布会上的使用情况最具潮流指向。将主流的和个性的信息加以分类，结合自身的设计定位，选择性地合理运用。科学的采集和定位，是设计师设计技巧、创作思维、流行趋势及市场把握能力的综合体现。

图3-1 采集图案要素作为整体视觉塑造的核心（田甜幸梓）

以中国侗族传统绣面为灵感来源，提取独具深意的纹饰元素及几何方正的布局特点，进行解构重组从而转化为新纹饰，应用丝网烂花的工业纺织技术呈现新式纹样通过配饰的方式表达并与虚幻极简的印花成衣相辅相成，体现中国传统图案的魅力。

图3-2　从物质世界获取设计灵感

以质朴的求同方式，从不同的行业和设计范畴中寻求最本质的设计元素与理念。

第一节 市场调研与潮流捕捉

流行元素的采集方式可以是多种的，而从市场所反映出的流行中采集信息往往是最直接、最行之有效的方法。关注现实存在的时尚，也是最容易实现的收集时尚信息的方法。生活中有许多令人意想不到的亮点，虽然地理位置不同，但通过市场传播的途径是相同的。生活中的着装和个性搭配也能激发创作灵感，使设计更具针对性和推广性。所谓“春江水暖鸭先知”，作为服装设计师，只有具备这种善于领先捕捉“春消息”的敏感，才能适应潮流、引导潮流和创造潮流。

市场流行元素的采集最主要的是眼的观察，由观察产生想法。观察可以是看橱窗、看商场、看街头的行人，也可以是看建筑、看风景。通过观察生活、观察社会、观察自然，用心去分析，并提取相关的设计元素应用于设计，是市场流行元素采集的主要目的。当然，“看”不等于“见”，从“看”到“见”需要兴趣，需要方法。“看”与“见”的桥梁是注意，注意的起因是兴趣。保持对生活中各种事物和现象的兴趣，用专业和好奇的眼光对待生活中的时尚现象很关键。在观察时，要有目的地去注意、去寻找，不但观察事物本身，还需要分析其相互关系和影响，用发现美去创造美。

一、对商场、专卖店的调研

从市场调研获取第一手流行信息，是服装设计信息来源的重要途径，也是设计中最直接的依据。商场、专卖店这种相对固定的销售卖场，对该季节上市的新款往往是最大限度地进行展示和宣传。服装市场是服装与消费者之间的桥梁，设计师可以通过对卖场服装的调研了解各种风格的品牌服装在当季所推出的新款，包括比较它们之间在流行要素上的使用并做相关采集，以及消费者对新款上市的认可度、购买欲，以便判断设计取向（图3–3）。

1.调研方法

（1）选择所在地主城区重要的商圈中，具有代表性的服装购物场所及品牌专卖店。

（2）选择自己相对喜好的、风格特点突出的服装品牌，按高、中、低不同层次，进行长期跟踪，以图文或列表的方式对历年来产品价位、款式特点、色彩、面料、细节等进行逐年逐季对比分析。

（3）选择部分商场、专卖店的相关人员对上市新款服装的销售情况、顾客满意度等进行数据统计、量化分析。随机询问部分顾客对新款购买的原因、需求、改进的地方、价格的承受能力等进行图表统计和整理，并对可能做的改进设想进行分析。

2.调研内容

（1）对不同档次和风格的品牌服装中流行元素的使用情况进行分析。

（2）对主流品牌本季在色彩、面料、款式、细节等方面进行综合分析和图示整理（表3–1）。

（3）将整理的时尚元素图例与同季国际、国内流行发布进行分析比较，找出其中的同质与差异。

表3–1 调研表

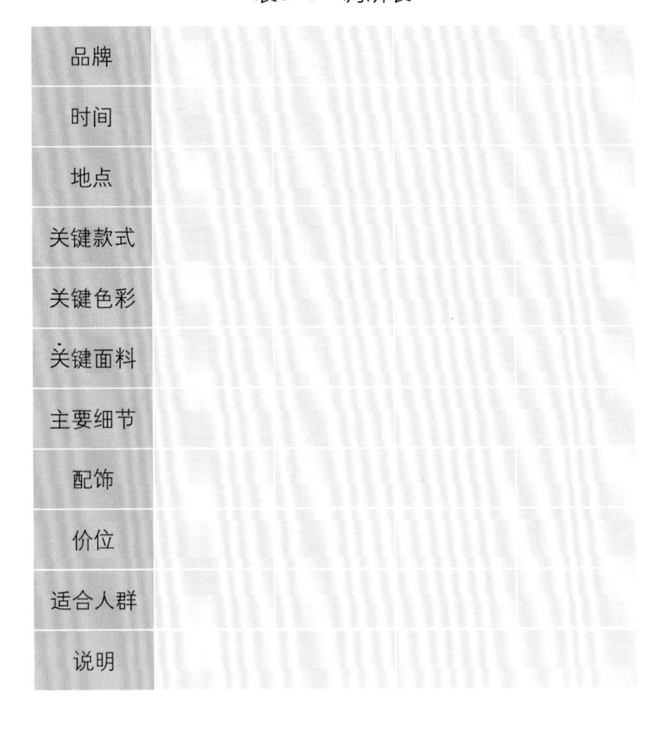

品牌				
时间				
地点				
关键款式				
关键色彩				
关键面料				
主要细节				
配饰				
价位				
适合人群				
说明				

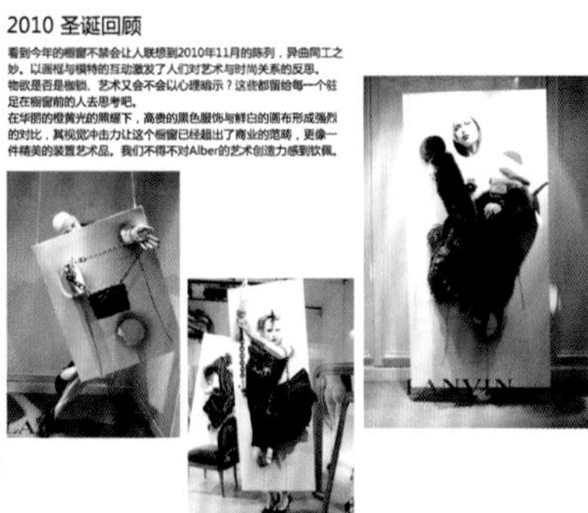

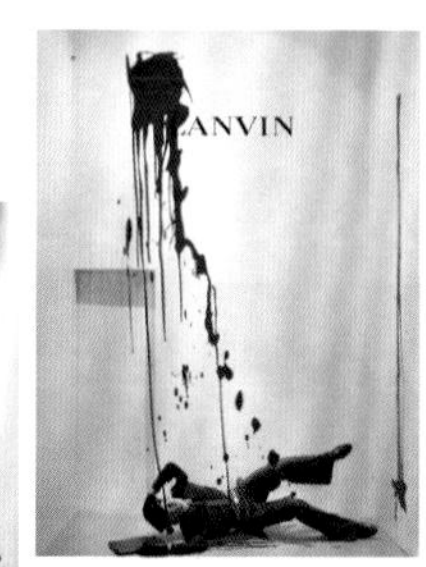

图3-3　品牌Lanvin专卖店橱窗调研

二、对街头时尚的调研

街头时尚除了指反映大众对流行服饰着装体现外，这里的街头时尚主要体现一些时尚青年较为个性、另类的着装理念。街头作为流动的时尚窗口，街头的穿着反映了大众对这一时期、这一季节的流行取向。众多的时尚杂志将街头拍摄的个性化着装作为观察流行的主要版块。

街头时尚作为一种个性化突出的服装风格深受时尚青年的追捧，尤其是在美国、日本、韩国等。这种风格以另类、夸张、体现个性为主，表现手法主要以解构、重组、打破传统着装方式来体现，非常注重服装材料的再造和综合材料的组合，结构上注重简单中求变异，甚至不受流行的影响。色彩使用大胆，突出服装个性。正是由于受到大量时尚青年的喜好，他们的个性化着装也成为很多设计师原创的素材，于是又出现专门为这类人群产生的时尚品牌和设计师。例如渡边淳弥、高桥盾、海德瑞特（Heatherette）等就是其中的佼佼者（图3-4、图3-5）。

1.调研方法

（1）以看为主，选择主城区人口相对集中的地段和时尚娱乐场所，观察着装的整体风格。

（2）以问为辅，选择部分有代表性人群，询问调查他们对着装的喜好、选择的品牌、购买地点、参考价位等，并做相应的评估。

（3）结合拍摄，对部分着装个性突出的人群做图像收集，分析适合的范围和年龄段。

2.调研内容

（1）分析这些个性着装的时代背景，不同年龄段的时尚选择和价值取向。

（2）关注与这些风格相配搭的服饰配件，如包、帽、鞋、皮带等。这种个性化风格与主流时尚的纵向联系与横向差别。

（3）可借鉴和运用的可行性分析。

总的来说，市场中的流行是对流行预测、流行引导的真实反映。那些采集的具有实际价值的流行元素，对设计服装产品的推广具有实际的指导意义和背景价值（图3–6）。

图3–4 品牌Junya Watanabe 2015春夏巴黎秀场

渡边淳弥将充满了街头感和个性化的破旧拼布西装搬到了时尚上层。

图3–5 品牌Undercover 2015春夏巴黎秀场

1994年日本设计师高桥盾一手创办了潮流品牌Undercover。早期以街头服饰为主，随后打入巴黎时装圈。至今该品牌不但贵为潮流界的神级品牌，也是巴黎时装圈重点关注对象。

图3-6　2014巴黎街拍

第二节 媒体报道与网络资讯

要把握服装流行发展的脉搏，需要在当今资讯发达的社会里学会训练自己敏锐的观察力、辨别力和分析力，需要学会分析利用各种情报和信息。而媒体正是利用它快捷、丰富、信息量大的特点和传播手段，将当今时尚资讯在第一时间以直观形象资料向大众传播。媒体包括电视、广播、专业杂志、报纸、网站、论坛以及户外媒体如路牌、灯箱的广告位等。

浏览当今众多媒体，相关的时尚款式、美容化妆、服饰新潮、逛街购物等时尚资讯占据了相当的位置和版面。在这里，市场和媒体都担负着重塑时尚面貌的工作，通过这些时尚热点，让时尚消费者追随着传媒，以尝试最新的风格。而设计师，为了保持新鲜的时尚意识，了解消费者的时尚心态，也需要经常关注时尚媒体对着装风格的引导，将这些引导作为设计背景素材，为设计提供相应的理论与形象依据。

网络是20世纪90年代后期崛起的强势媒体，它使人们可以足不出户就能知晓当天发生在世界各地的重要新闻和各种资讯。它集及时性、丰富性、知识性、可收集性等多种优势于一体，可以说，网络使今天的资讯变得比任何时代都更丰富快捷。通过不同的网络平台，人们可以查阅需要的图文资料，观看时尚发布的在线视频，或在专业论坛交流经验，或进行电子商务，了解和掌握流行的瞬息万变。

在这个大数据时代，最新的时尚资讯总能在第一时间与全球共享，它没有时间、空间、地域的限制。面对信息数字化的今天，我们难以想象没有网络的日子。利用网络资源的分享互动，是时尚生活方式、着装方式的选择和主流时尚观点的收集行之有效的办法（图3–7）。

一、刊物

服装推广和流行资讯，通常是通过在媒体大量发布产品广告、提供新的着装风格来引起消费者注目（表3–2）。早在20世纪初，设计师和生产商的服装产品走向市场的唯一选择就是通过杂志广告。当今，一方面人们通过这些专业期刊了解服饰流行趋势和最新潮流以及下一季节的流行时尚。另一方面服装设计师通过类似*VOGUE*一类的著名专业杂志发表创新设计。还有一些专业编辑、资深评论员等通过在期刊上发表文章，将造型、色彩、流行观点传达给消费者。这些主流杂志聘请的时装评论家对流行风格的影响很大，对流行时尚的传播起着重要的作用。如时尚界的资深人物，最权威的时装编辑安娜·平姬（Anna Piaggi），意大利*VOGUE*主编，她犀利、精辟、独到的观点，深受时尚界人士的推崇。有媒体说约翰·加利亚诺刚出道时，其设计作品并不被人看好，甚至被视为垃

表3–2 欧美主流时尚刊物推荐

名称	出版国家	刊物简介
VOGUE	美国	1892年创刊，老牌的时尚杂志，全球有不同国家的*VOGUE*版本
ELLE	法国	1945年创刊，比*VOGUE*和*Bazaar*的风格年轻，贴近时下年轻女性的时尚需求
Figaro Modame	法国	1980年创刊，法国知名高端女性杂志，全球12个版本，主张“时尚中强调智慧”
THE FACE	英国	1980年创刊，体现青年文化运动与时尚风格
L'uomo Vogue	意大利	*VOGUE*中的意大利体系，自我见解鲜明，坚持高端男装制作方式的杂志，已成为当今最有名望和影响力的男装杂志

圾、荒唐。正是由安娜·平姬的评述和推崇，才使约翰·加利亚诺成为引领时尚的设计师。

时尚杂志主要有两大类：一类是针对消费者的指导性消费杂志，尽管部分服装界专家也阅读此类杂志，但其主要对象还是针对消费者；另一类是专业性杂志，其目标主要针对时装设计师、制造商、零售商、时装顾问、时尚买手及市场中的品牌代理人等（表3-3）。

图3-7　*VOGUE*网站页面

表3-3　针对不同客户群的时尚杂志

	名称	出版国家	刊物内容	发行周期
指导性消费杂志	MEN'S NON-NO	日本	年轻男性先锋时尚杂志，引领时尚酷男潮流	12期/年
	KERA	日本	是日本个性punk派少女时尚杂志，完全收录日本银座、涩谷、大阪、东京等地特色的街头装扮——芭比娃娃造型，奇幻小魔女造型，乖乖Kitty猫造型，前卫小飞女造型，俏皮Micky鼠装扮等应有尽有	12期/年
	装苑	日本	世界知名时尚杂志之一，囊括国际最新女装、男装动态，抽象前卫但不失大众化的服装新款是该杂志的最大特色	12期/年
	ViVi	日本	日本芭比派时尚的主流杂志，受到亚洲时尚人士的追捧	12期/年
专业性杂志	服装设计师	中国	时尚荟萃、流行资讯、品牌介绍、设计师专访等	12期/年
	国际流行公报COLLEZIONI	意大利	权威的服装设计参考书籍，内容为世界各大服装品牌在米兰、伦敦、巴黎等时装发布会最新作品。全彩大幅照片，内容详尽，还有时装趋势分析，对服装公司和服装设计师有很高参考价值	4期/年
	BOOK MODA UOMO	意大利	最新男性时装及成衣发布会图片集锦	2期/年
	BOOK MODA	意大利	分为成衣和礼服，汇集各个品牌最新时装发布信息，并做前沿预测	6期/年
	Gap PRESS	法国	世界著名高级时装发布会图片集，全彩大幅照片，内容详尽，还有时装流行趋势分析	12期/年
	MM	意大利	意大利奢侈类女装时尚杂志，融合了意大利各大奢侈类品牌的女装、皮包、鞋子等最新款式，全册杂志以女装为主，凸显了最新的高档女装及配饰的最新的流行趋势和时尚新款	12期/年
	FN	多国	全世界著名的高级时装发布会图片集，时装趋势分析	2期/年
	VOGUE PELLE	意大利	意大利顶级服装时尚杂志，作为*VOGUE*系列杂志中的一本，侧重介绍流行时尚元素和流行概念，综合包括了男装和女装的流行趋势和最新流行款式，涉及服装、皮包、鞋子等多个时尚类型，是一本相当优秀的流行概念指导类杂志	4期/年
	BAMBINI	意大利	意大利童装趋势杂志，以童装发布会为主，介绍了各大知名童装品牌的最新流行动态，兼顾了最新的童装款式，是12岁以下童装设计的最佳参考杂志之一	12期/年
	《国际纺织品流行趋势》	中国	流行面料发布、流行趋势综述与预测	4期/年
	VIEW	多国	欧洲时尚婚纱杂志，包括最新欧洲风格的婚纱款式和婚庆装扮，是高水准的欧洲风格的婚纱新款发布媒体之一	12期/年

二、时尚网站

时尚类网站主要分为：专业时尚网站、品牌类网站、设计师品牌网站、时尚杂志网站几个大类。

专业时尚网站是时尚设计首先浏览的对象，它具有专业性强、功能突出、分类细致、资讯及时更新的特点，包括世界几大主要时装周信息，以及代表设计的最新发布、相关时尚产品介绍、历年发布图片查寻等（表3–4）。

品牌类网站是以品牌风格、品牌路线、品牌最新产品发布、品牌连锁、电子商务为主的服装专业网站（表3–5）。

设计师品牌网站是设计师风格最直观的呈现，其设计作品和相关附属产品的发布最为全面，有些甚至也会包含其支线品牌的全方位信息，从页面设计到交互运用，都能充分展现设计师对于品牌的价值定位。（表3–6、图3–8）。

时尚杂志网站的专业性体现在突出时尚主题、流行发布更新及时、流行风格分析、资深时尚评述、网站个人观点等方面。功能性主要体现在服装分类版块：T台发布、细节元素、幕后花絮、时尚推荐、购物指导等方面。

通过这些专业网站，可以长期关注几大著名时装周的最新信息、主流设计师的最新发布和品牌近期或往年的产品风格，利于对设计师风格的研究和品牌设计路线的综合分析（图3–9）。

表3–4 专业类网站

网站特点	网站域名
最实时全面的综合性时尚资讯：资讯、美妆、T台秀场、幕后细节、趋势分析品牌故事、名人采访、造型、生活以及与时尚圈相关的各类消息	www.t100.cn
	www.fashionista.com
	www.gq.com.cn
	www.art.cfw.cn
	www.vogue.com
	www.thefemin.com
	www.hypebeast.cn
	www.nowfashion.com
	www.pop-fashion.com

表3–5 部分成衣品牌网站

品牌	国家	网站域名
Levi's	美国	www.levis.com
DKNY	美国	www.dkny.com
Lee	美国	www.leejeans.com
Ecko Unltd	美国	www.eckounltd.com
GAP	美国	www.gap.com
Dsquared2	意大利	www.dsquared2.cn
JACK & JONES	丹麦	www.jackjones.com
ZARA	西班牙	www.zara.com
GAS	意大利	www.gasjeans.com
Hugo	德国	www.hugo.com
Y-3	德国	www.y-3.com
DRYKORN	德国	www.drykorn.com
Pepe Jeans	英国	www.pepejeans.com
G-STAR	荷兰	www.g-star.cn
GSUS	荷兰	www.g-sus.com
MARC O'POLO	瑞典	www.marc-o-polo.com

表3–6 部分设计师品牌网站

设计师名	网站域名
Chanel	www.chanel.cn
Issey Miyake	www.isseymiyake.com
Kenzo	www.kenzo.com
Giorgio Armani	www.armani.com
Yohji Yamamoto	www.yohjiyamamoto.co.jp
Christian Dior	www.dior.cn
Christian Lacroix	http://www.christian-lacroix.fr
Gianni Versace	http://www.versace.cn
Givenchy	http://www.givenchy.com
Gucci	http://www.gucci.cn
Valentino	http://www.valentino.cn
Yves Saint Laurent	http://www.ysl.com
Anna Sui	http://www.annasui.com
Dolce & Gabbana	http://www.dolcegabbana.it
Vivienne Westwood	http://www.viviennewestwood.com
John Galliano	http://www.johngalliano.com

图3-8　山本耀司官方网站（http://www.yohjiyamamoto.co.jp/）页面

图3-9　克里斯汀·迪奥（Christian Dior）官方网站（https://www.dior.cn/zh_cn）页面

三、专业时尚网络论坛

网络论坛（简称BBS）是随着互联网的普及，人们从被动的浏览，到主动参与到网络平台，进行互动的一种形式。这种形式，符合当代人缓解自身压力，发表个人观点，加入到不同人群讨论，树立自身形象的心理需要。

网络论坛在专业网站的基础上，更强调它的时效性、参与性、互动性。它不仅可以将自己的作品或对某一话题的观点在网络论坛上发表，还可参与到其他感兴趣的帖子中去支持和辩论（表3–7）。

网络论坛的资讯和观点既有普遍性，也有个性。它的影响取决于对专业的系统性、知识性以及注册会员的数量、点击率、发帖量、回帖率等。网络论坛上的版块可以细分到你能设想到的或你需要的主流及边缘信息，它的资讯虽然不及专业网站那么快捷，并且大量的资讯来自其他专业网站，但每个发贴人的喜好、角度、立场、观点都不相同，对时尚的理解也有着自己的选择和针对性。当你不可能浏览所有网站时，网络论坛是你获取需要的素材、发表个人观点、共享个人资讯值得选择的方式（图3–10）。

表3–7 国内主要服装专业论坛

论坛名称	网站域名
穿针引线服装论坛	http://www.eeff.net/
看潮网服装设计平台	http://www.kanchao.com
CFW服装设计网	http://art.cfw.cn/
天涯社区服装纺织业论坛	http://bbs.tianya.cn/list-447-1.shtml
全球纺织网–全球纺坛	https://club.tnc.com.cn/
中国女装论坛	https://www.nz86.com/
YOKA时尚论坛	http://bbs.yoka.com/

图3–10 穿针引线服装论坛页面

四、时尚社交媒体

随着用户个性化消费理念升级、移动触媒习惯的转变，时尚行业涌现了众多新型模式的时尚互联网媒体，使得获取时尚元素的渠道更加个性化、社交性、趣味性，获得资讯的成本也就更低。在数字时代时尚玩转多样化，社交媒体赋予了时尚绚丽多彩的形式，为时尚注入了鲜活的生命力，甚至可以说，微信、微博、直播等社交媒体的发展造就了当下流行的更加多元化（图3-11）。

以微信为代表的社交平台已经成为当下新媒体传播核心渠道。根据腾讯最新发布的移动媒体趋势报告,2016年微信用户已突破7亿，超过90%的用户每天都会使用微信，50%的用户每天使用微信超过1小时，61.4%的用户每次打开微信查看朋友圈。根据统计分析，时尚类已认证微信公众号占比53%，其中认证主体以企业（34%）为主，团队化运作公众号成为趋势。时尚类微信公众号几乎以全方位覆盖的形式在时尚元素的传播方面发挥着巨大作用（表3-8）。

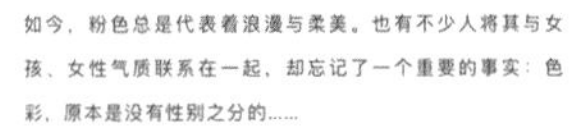

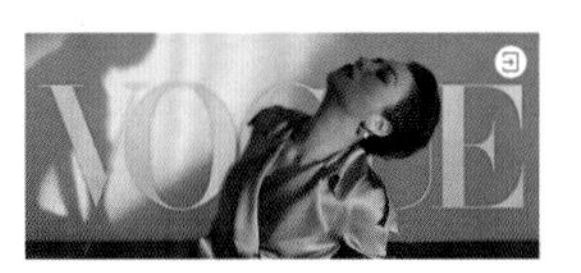

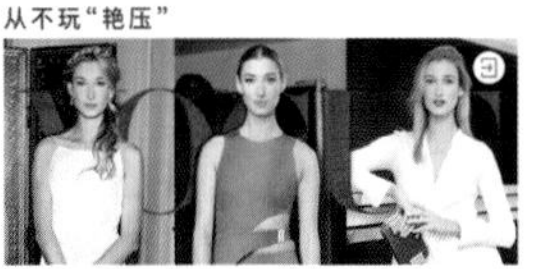

图3-11　时尚类微信公众号页面

社交媒体赋予了时尚绚丽多彩的形式，也让时尚元素传播更加便捷和个性化。

表3-8　截至2016年第一季度，时尚类微信公众号热度排行榜
（数据来源：中国时尚产业发展蓝皮书）

时尚公众号	粉丝数（万人）	头条平均阅读量（次）	平均阅读量（次）	平均发文条数（条）
时尚COSMO	100	82759	40755	4.4
海报网时尚	96	66777	32030	3.7
凤凰网时尚	90	51367	30578	4.2
时尚芭莎	75	33203	18753	3.8
VOGUE	70	30749	17072	3.3
Onlylady女人志	61	29630	13507	5.8
腾讯时尚	40	18224	7993	5.2
世界时装之苑ELLE	35	28893	10545	4.7
iLady优家	31	13299	5858	3.8
StyleTV中文网	25	12412	5033	3.0
SELF悦己	24	11032	6125	4.6
嘉人	21	10122	4837	4.6
YOKA时尚网	20	7743	2823	6.3
红袖GRAZIA	18	10397	5074	3.3
外滩聊时尚	17	8320	5127	1.8
周伊潮流	16	8055	4159	3.3
OK精彩	15	7822	3605	2.0
新浪时尚	9	2578	1094	3.0
太平洋时尚网	8	2278	955	6.0
IFashion	5	2524	2080	1.2
网易时尚	4	1324	344	4.4
搜狐时尚	4	1299	400	4.6

比微信普及更早的微博类时尚媒体，在近年来通过建立完善以名人明星、网红及媒体内容为主体的资讯传播生态系统，以及在短视频和移动直播上的深入布局，微博用户使用率持续回升。在此背景下，部分时尚博主的粉丝数达到几百万，其影响力日益扩大，成为相关受众获取时尚信息和流行元素的重要来源，在推动时尚资讯传播方面发挥了极其重要的作用。时尚博主凭借其鲜明的个性和风格，通过与粉丝营造亲密氛围，依托美妆视频、好物推荐、爱用品分享、专业测评等隐性广告宣传，全面提升了时尚资讯的传播效果，产生了良好的经济和社会效益。与此同时，Givenchy、Gucci、Chanel等高端时尚品牌，会在其官方微博发布每季新款产品照片和秀场实况，及时向受众传递最新的时尚风向、时尚资讯与时尚元素的动态导向已经紧紧环绕在生活周围（图3-12）。

图3-12 更新速度极快、用户数量极大的类型化微博时尚资讯

《中国互联网络发展状况统计报告》数据显示，截至2017年6月，中国网民人数达到7.51亿，互联网普及率为54.3%；手机网民用户达7.24亿，移动互联网已渗透到人们生活的方方面面。明星、超模、杂志、品牌……用户几乎可以随时随地获取各类潮流资讯。

第三节　相关领域流行热点捕捉

流行时尚是人们对社会某项事物一时的崇尚，这里的“尚”是指一种高度。而时尚具有很强的包容性，千变万化，包罗万象，也正是这些包容性才体现了它的美。正如每个人心中，有自己的时尚，每个行业领域，也都会渗透着流行元素的方方面面。所以我们在涉猎和采集流行元素的时候，除了关注T台上那些时尚领袖，还要学会对其他行业，尤其是与服装关系密切的领域进行深入的了解和学习，才能系统地把握时尚美学，最后更好地呈现在作品上。

一、时尚摄影

摄影是造型艺术中与服装设计联系最为紧密的一个领域，服装的展示、名模的风采、品牌的概念等等，最后的时尚成果都要通过摄影呈现出来。时尚摄影致力于展示服装及其他时尚物品，最常见于广告或时尚杂志。随着时间的推移，时尚摄影已经开发出了自己的审美。这些摄影的美学内涵既能够很好地完善或强化服装设计所要传达的潮流信息；同时，一些摄影的审美也会影响到服装设计的实现（图3-13、图3-14）。

图3-13　品牌Missoni 2014秋冬广告大片

这个系列大片讲述的是一个未来世界的故事，没有你死我活的争斗和混乱，而是充满明亮浪漫的快乐之地。大片由荷兰著名摄影师薇薇安·萨森（Viviane Sassen）掌镜拍摄，斯蒂芬·曼恩（Stephen Mann）负责造型。

图3-14 摄影大师让-保罗·古德（Jean-Paul Goude）的碎片式大片

摄影师用拼接胶片的方式进行视觉重组，置换躯体部位，趣味拼接润色，人物的夸张伸缩具有很强烈的个人风格，令人耳目一新，具备极强的超现实主义意味。

二、平面设计

平面设计也称为视觉传达设计，顾名思义，是以“视觉”作为沟通和表现的方式，结合符号、图片、文字等，运用多种方式来创造和设计出可视化信息传达给受众并对受众产生影响的过程。平面设计常见用途包括标识（商标和品牌）、出版物（杂志、报纸和书籍）、平面广告、海报、广告牌、网站图形元素、标志和产品包装。因此，平面设计与服装设计学科和行业之间的交叉是广而深的。企业VI设计、宣传海报、LOGO吊牌、标识颜色、展出请柬、网站风格、包装案例等，都是时尚流行必不可少的构成元素和传播渠道，因此，以此来进行采集，更有利于我们及时把握时尚潮流的方向和定位（图3-15）。

图3-15 日本品牌无印良品（MUJI）海报设计

无印良品取得巨大的成功应归功于两位平面设计师，即两位艺术总监，田中一光（Tanaka Ikko）和原研哉（Kenya Hara），前者是日本设计界泰斗，后者是日本国宝级设计师。按原研哉自己所说“无亦所有”，无印良品的所有产品就像它的平面设计一样，空灵而有质感。

三、空间设计

空间设计一般是指对空间的二次陈设与布置，近些年，其在商业活动中越来越受到人们的关注。就服装设计而言，服装与服装店铺本就是一个统一的整体，因此卖场的空间设计直接影响到服饰文化的传播、顾客享受的消费体验，以及品牌实现的经济效益。对服装卖场的每一季的空间布局、色彩道具、施工照明、陈列艺术等方面加以调查和研究，能够有效地帮助我们更好地了解服装品牌文化和形象内涵（图3-16）。除了服装空间设计，其他商业空间也是我们可以汲取时尚养分的好去处，如汽车展场布置、餐饮空间设计、酒店空间设计、数码专卖店铺、节庆期间超市宣传等。总之，市场和流行之间的内在联系是我们不容忽视的（图3-17）。

图3-16　品牌Givenchy巴黎专卖店空间设计

位于巴黎的蒙田大道，空间一改往日的现代华丽，大理石和砂砾石布满整个空间，独特的纹理和质感营造出一种简约粗犷的金属感，形成带有独特艺术气韵的创意空间。

图3-17　法国餐厅Yojisu复古餐饮空间设计

位于法国的艾克斯·莱斯·米勒斯（Aix Les Milles），将很多天然材质的温暖感全部融入空间之中，配合旧物回收的木板装饰，既环保也让每个角落都在述说着自己的故事，有着极其浓厚的怀旧、复古氛围。

四、配饰设计

服装设计原先包含配饰设计，后来经过社会分工的大发展，细致划分出一个独立专门从事饰品设计的专业领域。服装配饰主要包括：头部装饰（如帽子、发卡、眼镜、耳环、面部装饰品、齿部装饰品、人体穿孔与脂粉等）、颈胸装饰品（如围巾、领带、领结、项链、胸针等）、腰饰（如腰带、腰链、腰牌等）、手与臂的装饰（如戒指、腕饰、臂饰、手套与扇子等）、足饰（如鞋与袜子等）、箱包用品、服装平面装饰品（如蕾丝、刺绣、编织、印染和拼接等）、服装立体装饰（如纽扣、拉链、挂链与编结等）、服饰花艺装饰（如各种纺织图案等）（图3-18）。

通过系统研究配饰的发展，能够更好地让服装整体趋于丰富与完整，更好地表达这款服装的内在含义，同时也因为配饰功能的不同而有效地区分服装的个性特征与穿着场合（图3-19）。

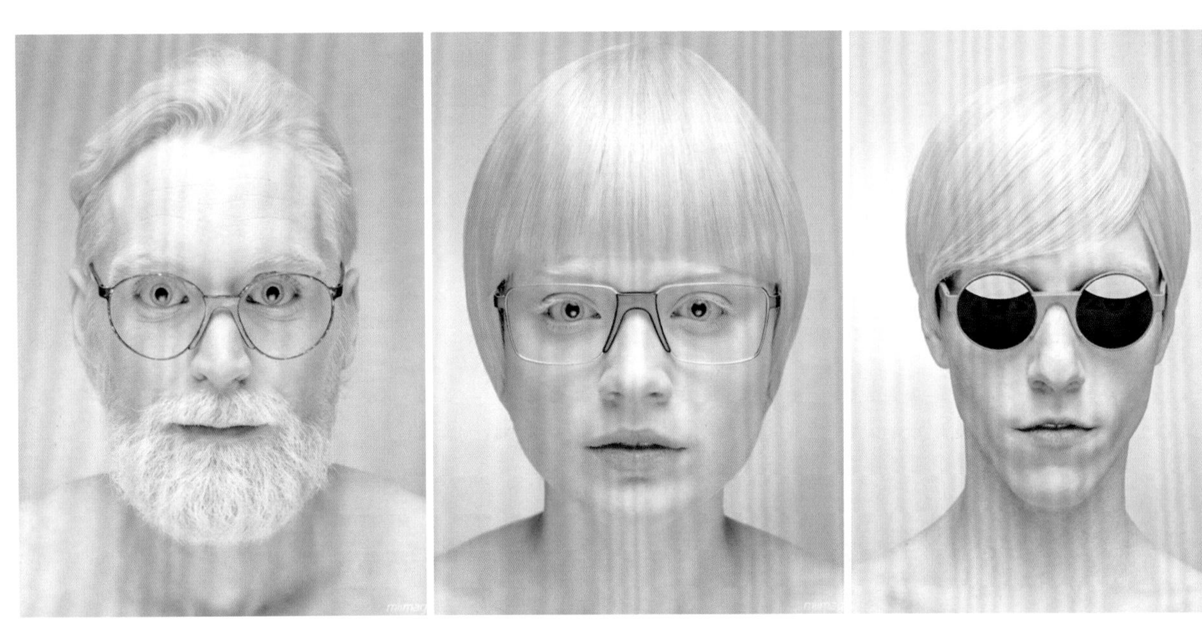

图3-18 眼镜品牌 Andy Wolf Eyewear 发布“白热人生”（White Heat）系列眼镜画册

来自奥地利的眼镜品牌。有别于常见大牌眼镜广告的浮华，其全新系列的广告“图如其名”使用了大面积的白色元素，并不帅气漂亮的模特们被造型师全副武装打造成清一色的白色，眼镜也在这样的背景里更显与众不同、匠心独具。

图3-19 《摩洛哥动物变形记》（*Maroquinaris Zoologicae*）——英国艺术家比莉·埃奇里奥斯（Billie Achilleos）作品

为庆祝品牌Louis Vuitton诞生100周年，来自英国伦敦的新锐女艺术家比莉·埃奇里奥斯将各种LV包袋和配件进行解构拼接，打造出名为“摩洛哥动物变形记”的动物系列艺术作品。

五、电影艺术

电影具有超越其他一切艺术的表现手段，随着现代社会的发展，电影已深入到人类社会生活的方方面面，是人们不可或缺的一员。电影与时尚的关系可谓密不可分，电影透过时尚令角色生动，在时尚的光环下提升了内在的着装品位，而时尚产品也透过电影来找寻灵感，引领潮流，通过电影的平台拓宽了影响力和知名度。电影中不经意的一个造型很有可能成为电影历史与时尚界里永恒的经典（图3-20、图3-21）。

当我们观看电影时总是会不知不觉地被剧中的时尚产品所吸引，其时尚元素也被深深印入脑海，而这些时尚元素在为电影增色的同时也引诱着观众去购买类似的产品，给这些产品带来连锁的品牌效应。研究时尚与采集流行，我们也要学会在观看影片的同时发掘更多的时尚元素，透过电影的天马行空，观察到无形之中却影响着设计师的命运与时装产业的走向（图3-22）。

总之，服装和电影关系紧密，服装会影响电影的表达，电影能左右时尚的传播（图3-23）。

图3-20　奥黛丽·赫本（Audrey Hepburn）身着纪梵希小黑裙的经典造型

图3-21　美国电影《蒂凡尼的早餐》/1961

作为最早的与时尚相结合的电影，《蒂凡尼的早餐》是最好的例子。剧中奥黛丽·赫本身着的纪梵希的小黑裙不仅衬托出了奥黛丽的优雅气质，丰满了人物形象；还让小黑裙和赫本一道成为电影史上的不朽，具有里程碑式的意义。

图3-22 美国电影《布达佩斯大饭店》/2014

《布达佩斯大饭店》荣获第87届奥斯卡金像奖最佳服装设计、最佳化妆&发型设计。服装设计师米兰拉·坎农诺（Milena Canonero）根据20世纪30年代的时代背景和衣着款式，设计出各种充满特色的戏服，梦幻的色彩和优雅的复古感，为故事氛围带来了十分优质的提升。

图3-23　美国电影《了不起的盖茨比》/ 2013

剧组请来了著名设计师缪西娅·普拉达（Miuccia Prada）为服装设计指导，女人们雍容华贵，男人们儒雅得体，一系列晚礼服把观众带回那个梦幻的黄金年代。同时，令人目眩神迷的场景设计，也都有着强烈的视觉冲击力，叫人神往。

小结

时尚是由各种流行元素组成，流行元素具有共性和个性两方面，要学会把握服装流行发展的脉搏，需要在当今资讯发达的社会里学会训练自己敏锐的观察力、辨别力和分析力。需要学会分析利用各种情报和信息。

本章重点从市场、媒体、网络等方面，归纳出流行元素的采集方法，清楚地认识哪些是值得关注和提炼的时尚主体。目的在于将采集的有价值的主流元素作为背景资料，为后续设计提供相应的目标指导与形象依据。

FASHION

第四章　时尚元素整理与快速表达训练

第一节　时尚元素的归类整理

第二节　时尚元素的快速表达训练

小结

对于服装资料和信息的储存与整理应有一定的科学规范方法，杂乱无章的资料应用起来显得毫无头绪，也就失去了资料和信息应有的价值，应善于分门别类，有条理、有规律地存放，运用起来才会方便检索，提高效率（图4-1）。

通常，采集到的时尚元素在进行整理时应注意两方面的内容：

第一，通过科学有效的方法对原始资料进行收集整理。服装的资料通常分两种形式：一种是文字资料，包括美学艺术理论、中外服装史、有关刊物的相关文章及有关影视服装资料等。另一种是直观形象资料，包括杂志、媒体、网络报道，当设计目标有所确定时应对资料进行全面系统的检索。

第二，通过相关渠道对当今主流信息进行分析归类，服装信息主要指有关的国际、国内最新流行导向和趋势，包括文字信息和形象信息两种形式。文字信息包括对最新流行时尚的综述，主流时尚概念的总结等；形象信息包括商场、专卖店、街头着装整体形象信息的判断等。资料与信息的区别在于前者侧重于已经过去了的、历史性的资料，而后者侧重于最新的、超前性的信息。

此外，信息整理之后，可通过科学的快速表达方法形成对时尚元素的强化记忆，从而为设计提供更加可靠和准确的价值取向，为服装的呈现提供更多思路（图4-2）。

图4-1 女装潮流趋势的整理综述案例（刘静）

Years Madness 岁月疯狂

Man's 时尚男装 主题背后的男性是一个岁月的收藏家，他以优雅的大地色来创造生活的疯狂，他有一个神秘实验室来进行神秘的实践， 四四方方可行的轮廓，尤其值得注意的是乐观、助人、抚平创伤等精神贯穿其中。

Mystical Midnight 神秘暗夜

Man's 时尚男装 黑暗夜晚的吸血鬼是华丽颓废的完美代表，借鉴传说的神秘氛围打造出一系列暗夜色调。暗淡的浅粉色和裸色，搭配诱惑的酒红色与午夜蓝色，营造飘渺弥漫的浪漫情节，大地色和中性深灰色将神秘轮廓沉浸在奇幻故事中。

图4-2 男装潮流趋势的整理综述案例（刘静）

第一节 时尚元素的归类整理

从时尚元素的采集，到有效合理的归类是设计师制定设计方案、推出时尚概念的重要依据，也体现了设计师对资料信息的综合分析和对流行时尚的判断能力。归类的方法通常较为常规的有按季节、周期、服装类别、产品定位、资料用途等进行归类。也可以是更深入更专业的归类：

（1）从大到小：即从发布年度、季节到时尚品牌、代表设计师。

（2）从外到内：即国际上著名的几大时装周到国内及周边时装周。

（3）从整体到局部：即从总体面貌到细节配搭。

（4）从功能到风格：即从应用范围、穿着方式到个性风格喜好等。

当然也可按自己的习惯进行归类排序，目的在于通过归类比较，提高效率，使设计更有针对性和指导性。总体来看，我们通常可按以下三大方向进行元素的归类整理。

一、整体风格归类

整体风格归类便于针对不同的风格产品找到相应的可参考的风格类别。设计师作品的艺术性和表现力决定了设计作品的风格，设计作品的风格代表了设计师为之努力的个人作品特色。如川久保玲的创意时装设计风格，深受东西方文化碰撞的影响，她的作品将日本典雅沉静的传统、立体几何模式、不对称重叠式创新剪裁完美结合，充满视觉的快感，满足人们对时装的幻想（图4-3）。时尚界的“鬼才”亚历山大·麦昆，他懂得从过去吸取灵感，然后大胆地加以“破坏”和“否定”，从而创造出一个全新意念，一个具有时代气息的意念（图4-4）。服装雕塑大师三宅一生，个人风格极其突出，通过他们的作品在时尚界树立了鲜明的个性特点（图4-5）。

图4-3 品牌Comme des Garcons 2015秋冬巴黎秀场

设计师川久保玲的风格独树一帜、十分前卫，融合了东西方的概念，她被服装界誉为“另类设计师”。其设计线条利落、色调沉郁，与创意结合，呈现了具有意识形态的美感。

图4-4　品牌Alexander McQueen 2015春夏伦敦秀场

英国的“时尚教父”麦昆不幸英年早逝，但其个性化的男装风格始终延续下去。

图4-5　品牌Issey Miyake 2016早春系列

将褶皱与色彩发挥得淋漓尽致，设计师个人品牌风格突出。

二、局部细节归类

细节是服装的重要组成部分，通过局部、细节的合理运用能整体反映流行时尚。各种不同类型的省、褶、袋口、肩型、领型、袖型、门襟、腰节线、开刀部位、分割形式都是服装的细节部件。轮廓相同的服装配合不同的细节部件后，外观上就有很大程度的改变。一个好的款型可以接二连三地出现在一个系列的服装中，只是运用不同的细节部件设计出不同的款式。

通常，局部细节归类可以尝试以下方法：

（1）从上到下归类法：即从上衣细节包括领、肩、袖、袋口，到下装细节包括腰和臀部装饰线、裤脚、侧缝、裙摆等（图4-6）。

（2）从前到后归类法：即正面门襟（拉链或扣型）、袖型、省道、分割线、后视面的背缝、侧面的开刀、省量等（图4-7）。

（3）工艺细节归类法：包括褶皱、手工针法、不对称、结构反向、缝份拉毛等（图4-8）。

（4）材料细节归类法：包括材料再造、材料肌理、综合材料、局部配搭等（图4-9）。

图4-6　局部细节归类——从上到下归类法

根据从上到下归类法，对品牌Giorgio Armani 2017秋冬米兰秀场发布服装的领型、肩部、裤脚进行细节元素整理。

图4-7 局部细节归类——从前到后归类法

根据从前到后归类法，对品牌Johanna Ortiz 2017秋冬系列服装的袖型设计进行细节元素整理。

图4-8 局部细节归类——工艺细节归类法

根据工艺细节归类法，对品牌Givenchy 2017秋冬巴黎秀场发布的服装结构和开刀线设计进行元素整理。

图4-9 局部细节归类 ——材料细节归类法

根据材料细节归类法，对品牌Giorgio Armani 2017秋冬米兰秀场发布服装的面料肌理进行细节元素整理。

三、服饰配件归类

服饰配件是系列服装设计的要素之一，也对服装起到重要的点缀作用。这一要素常常可以起到协调和统一系列主题以及整体效果的作用（图4-10）。一方面，在造型各异的服装中，利用大致相同的配件统构整体，如帽子、头巾、挎包、皮靴、手套等。另一方面，在一组相对统一的系列服装中可以利用不同色彩或大小不一的配件求得细腻的变化，如披肩、头饰、背包、腰带等。

常见的服饰配件归类方法有如下两种：

（1）装饰性配件：头饰、首饰、胸饰、手镯、腰带、挎包、背包、披肩等（图4-11）。

（2）功能性配件：帽子、围巾、手套、鞋子、袜子、皮带等（图4-12）。

图4-10　品牌Anya Hindmarch 2014秋冬伦敦秀场的服饰配件

英国公认最著名的手袋设计师品牌，每一季发布会推出的手包都因为其别出心裁的设计备受时尚潮人们的喜爱。

图4-11　服饰配件归类——装饰性配件

围绕品牌Maison Margiela 2017秋冬巴黎秀场，从头饰和首饰出发，对本季发布进行了要素归类。不难发现，约翰·加利亚诺归来后，其艺术创造力仍是惊人。

图4-12　服饰配件归类——功能性配件

围绕品牌Miu Miu 2017秋冬巴黎秀场，重点对本季鞋子为主的功能性配件进行细节元素整理。

第二节 时尚元素的快速表达训练

在时尚元素归类整理的基础上，结合流行趋势自身和对流行元素的判断，梳理出相应的流行时尚主题概念，并以一定的方式快速形成表达。这一流行概念将指导后续设计做出及时的反应，以推出适合自己设计定位的主题概念。快速表达的目的在于将代表主流时尚的元素进行高度提炼，从而达到有效的选择使用（图4-13）。表达的方法一般采用图文结合。

从核心关键词梳理、款式局部设计练习、面料快速练习、色彩搭配应用练习等方面单点突破，整个过程是服装从创意萌发到成品完成的完整体系必不可少的有效桥梁，创意与表现同步进行，准确地传达出服装设计思路（图4-14）。

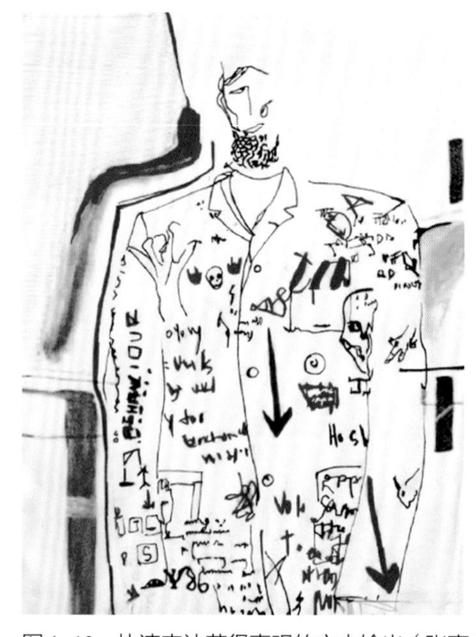

图4-13 快速表达获得直观的文本输出（张豪）

图4-14 在流行元素整理的基础上进行的设计快速表达（陈伟）

一、关键词的主题表达

关键词是对流行风格定位的关键因素，是时尚设计方向性的指导，由关键词延伸出的相关流行主题，供时尚推广选择（图4–15）。关键词反映了这一时期人们对流行的普遍心理状态，如怀旧经典、科技前卫、摩登城市、春暖花开等。关键词的选择可以涉及社会与生活的各个范畴，文字提取一般来自当今人们关注的热点问题，包括来自政治、经济、文化等方面的热点，反映了服装设计与时代文化的内在联系（图4–16）。

关键词的表达一般先以简短精练的文字概括，再进行主题性描述，结合前期对时尚元素的整理所积累的素材，形成可以指导后期设计表达的核心概念，以概念支撑文本（图4–17、图4–18）。

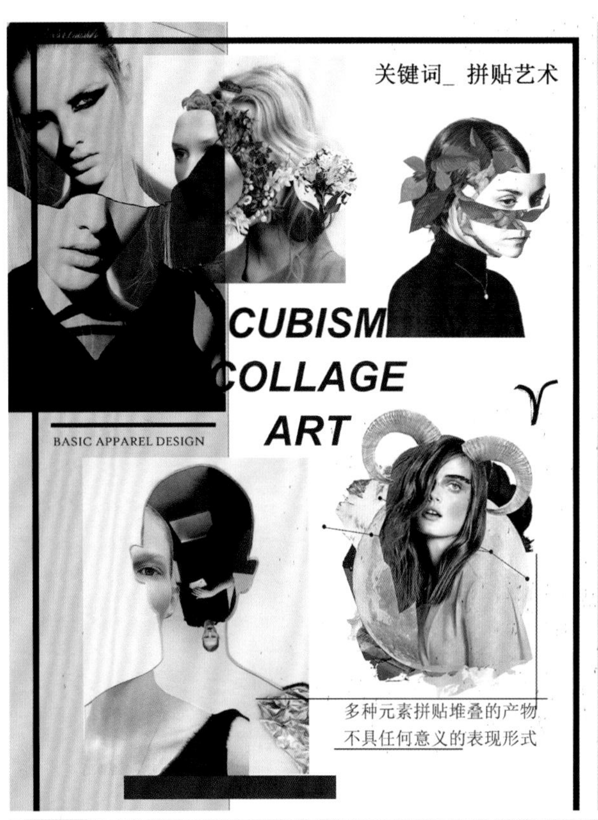

图4–15　关键词“北欧进阶+全新传奇”（刘静）

关键词往往是对流行主题的概括与延伸。

图4–16　关键词“拼贴艺术”（田甜幸梓）

通过关键词梳理设计工艺和造型手段。

关键词

多彩的壹九九零

Violence in 1990

Subject research

理查德·汉密尔顿

Richard Hamilton

波普艺术家

//

1985年，

美国人罗伯特·劳申伯格在中国美术馆的展览，掀起了“85新潮美术”，启发中国现代装置艺术的萌芽生长。

劳申伯格是20世纪50年代中期以后波普艺术风潮里最重要的艺术家之一。

而比劳申伯格早生3年的英国人汉弥尔顿，是后现代艺术鼻祖马塞尔·杜尚的学生，也是波普艺术的开山鼻祖。

1956年，

34岁的汉弥尔顿为伦敦独立团体举办的展览“这是明天”创作了剪贴画《什么使今日家庭变成如此不同、有魅力？》，

他从画报上剪下一个肌肉男，手里拿着一根棒棒糖，

上书三个字母“POP”，既是英文“棒棒糖”（lollipop）的结尾，又是英文“流行、时髦”的意思。

由此，“波普艺术”（Pop Art）一词诞生。

长久以来，汉弥尔顿的作品一直致力于表现艺术、设计和大众文化三者之间的关系。

图4-17 关键词“多彩的一九九零”（焦浩洋）

图4-18 关键词“童心上行”（欧曼薇）

二、局部设计快速表达

服装款式的局部设计，是在前期局部归类基础上展开的针对性训练。在流行主题下的一系列款式中，归纳整理具有体现该主题特征的主流款式，完成领型、袖型、门襟、口袋、刀背线等细节款式的绘制（图4-19、图4-20）。款式图例应有代表性，也可用与之相配的文字加以简要概括，绘制时注意对主流风格、部件特点、组合方式、运用体系、表现力等要素的考量（图4-21~图4-23）。

通过大量的细节练习，熟悉服装结构的准确表达方式，了解成衣设计的基本条件和程序，掌握服装设计创新思维的基本方法。结合服装造型的基本要素，学会对流行元素进行细节呈现，为后期整体设计提供支撑（图4-24~图4-26）。

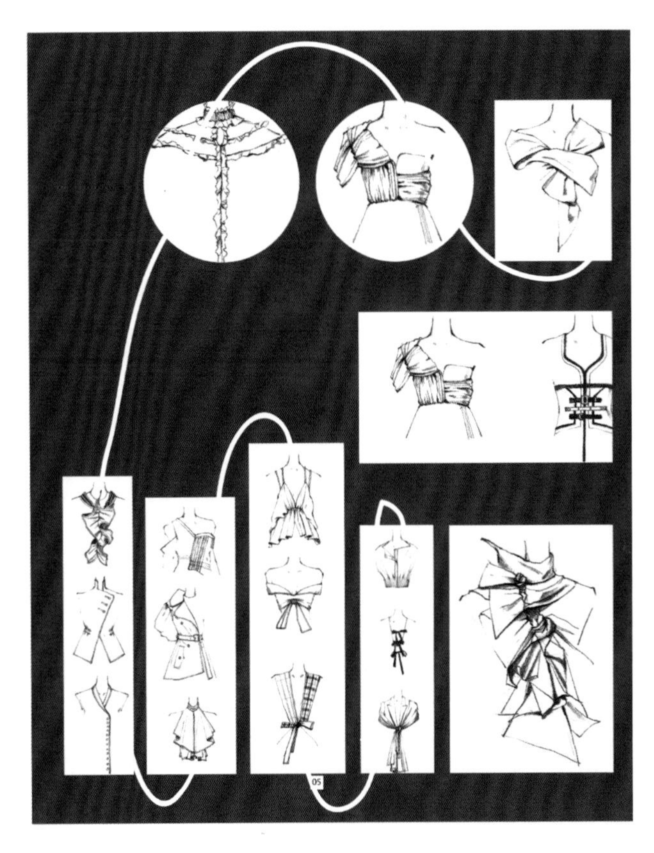

图4-19　领型的快速设计练习（刘奕杉）

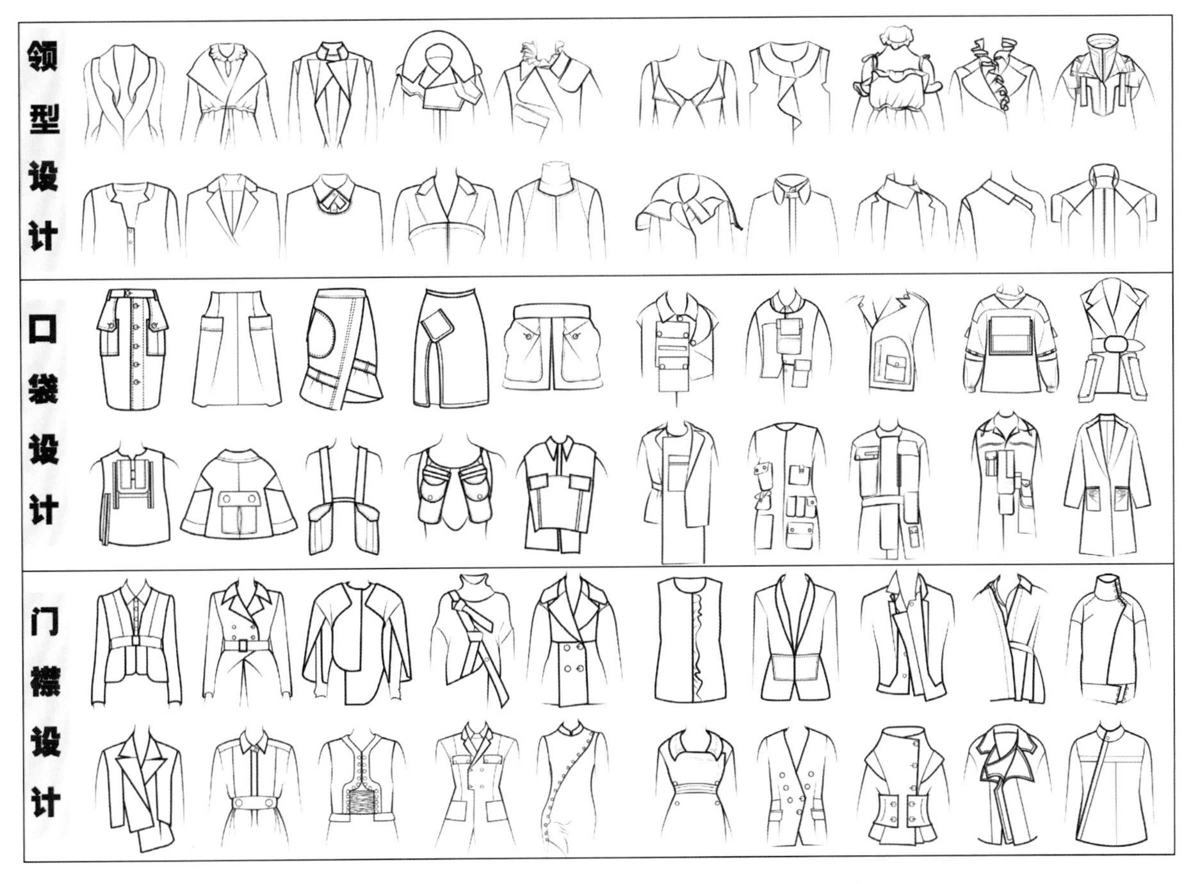

图4-20　领型、口袋、门襟的快速设计练习（江丽俐）

图4-21　各式袖型的快速设计练习（陈柏丞）

图4-22　各式领型的快速设计练习（汪子程）

图4-23　各式门襟的快速设计练习（何庆）

图4-24　同形结构的快速设计练习（杨涵麟）

图4-25　同形结构的快速设计练习（任小红）

图4-26　同形结构的快速设计练习（刘奕杉）

三、面料设计快速表达

在大量调研的基础上，在众多的流行面料中，根据特定主题服装的风格确定以一种或一组面料作为关键面料着手进行面料小样的实践，并且根据小样进行款式运用的快速设计（图4–27）。选择关键面料时，要以图例表现面料成衣后的大概着装印象，此时并不要求深入刻画。同时可用文字对织物的质感、特性、效果和表现力进行概括和说明（图4–28、图4–29）。在进行一组服装的面料设计时，还要考虑通过面料表现出服装之间的联系和差异以及不同服装搭配的视觉效果（图4–30、图4–31）。

图4–27　以面料再造为元素的快速设计练习（江丽俐）

图4-28　以面料再造为元素的快速设计练习（刘奕杉）

图4-29　结合面料市场调研的快速表达（何庆）

图4-30　以面料再造为元素的快速设计练习（屈安琪）

图4-31　以面料再造为元素的快速设计练习（于旭敏）

四、色彩设计快速表达

提取关键色彩，一方面可根据国际流行色协会颁布的几大主流色系，以及色系提取的素材资料，选择适合季节、地域的色系图例。另一方面，对比T台流行发布，根据归类整理的流行主题所表现的一系列服装，归纳几种主流色系和与之相配的辅助色系。结合人体动态，可选择固定款式，以提取的色彩做不同组合分割练习，色相、明度、纯度等色彩关系考量色块比例。此训练主要是锻炼对服装色彩搭配的比例控制能力，对服装设计的宏观思维有很好的提升作用（图4-32、图4-33）。

图例通常按一定的色彩规律进行分组，如冷色系、暖色系、明度系、纯度系等，每组以8~10个色为一系列。结合款式，根据图例面积明示主色与辅色，可搭配关系的比例。图例、色块也可以用CMYK或RGB进行标准色的标注，这样可使面料在印染等后续加工中达到理想的色彩效果。图形的绘制表达可根据不同工具和手绘能力的差异灵活选择，并不拘泥于完成程度和款式可行性，重点在于通过对比辅助我们去选择值得进行优化的设计（图4-34~图4-38）。同时，也可加些时尚的词汇对主题色彩进行表述，如海军蓝、碧绿、象牙白、牡蛎色、珍珠灰、奶油黄、帆布白等，这些时尚描述，增加了人们对色彩的想象空间和发挥余地。

图4-32　提取关键色彩后的配色组合快速表达练习（张馨予）

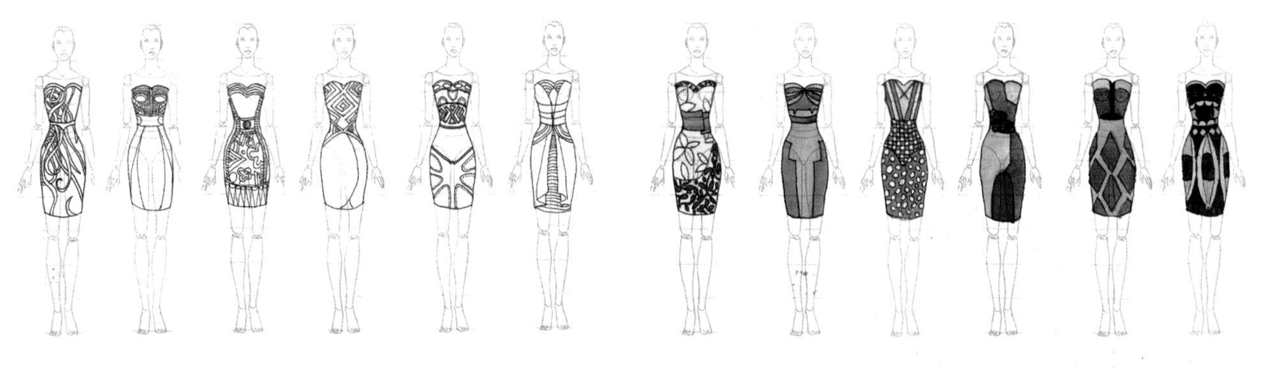

图4-33　同形色彩组合快速表达练习（李璐恒）

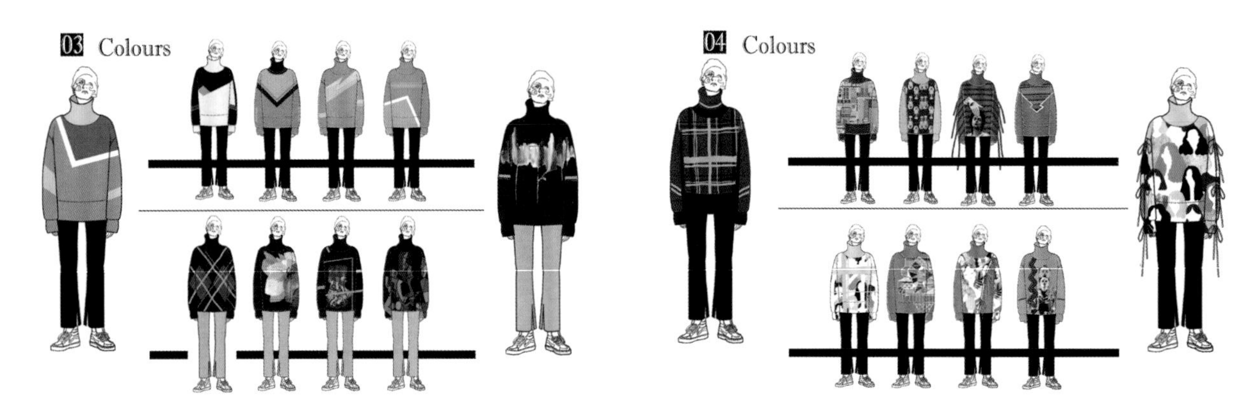

图4-34　同形色彩组合快速表达练习（李翠翠）

图4-35　同形色彩组合快速表达练习（谢林孜）

图4-36　同形色彩组合快速表达练习（魏梦雨）

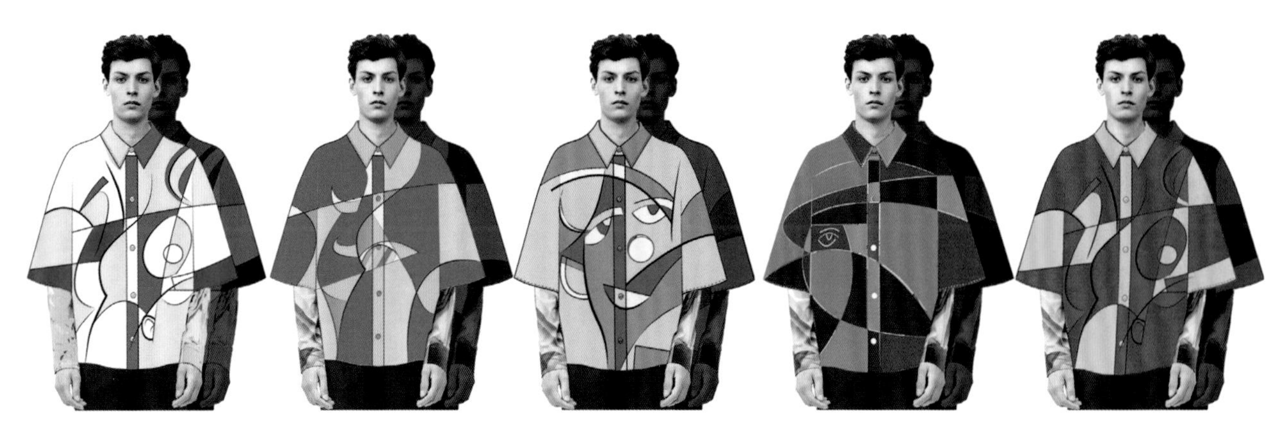

图4-37　同形色彩组合快速表达练习（王一卿）

图4-38　色彩设计快速表达练习

小结

归类整理的目的在于将代表主流时尚的元素高度提炼、分门别类，有条理、有规律地存放，运用起来才方便检索，提高效率，使设计更有针对性和指导性。本章从流行的整体风格到细节配饰，从流行概述到关键部位的表述，都提出一些可借鉴的整理与表达方法。学习者可根据各自的用途和习惯作选择性的运用。

而服装设计的快速表达作为设计师的一门基本功，也是进行设计交流的重要工具。快速表达能够最直接、最便捷、最快速、最经济地表达设计思维，帮助设计师抓住稍纵即逝的灵感火花。同时，通过设计快速表达的训练，可以提高设计师的艺术修养和表现技巧。

FASHION

第五章　时尚元素的整体运用解析

第一节　时尚元素在款式上的运用

第二节　时尚元素在面料上的运用

第三节　时尚元素在色彩上的运用

第四节　时尚元素在细节上的运用

小结

设计是“用”和“美”融为一体的产物，设计是创造既实用又美观的生活造型的一切思想活动。设计工作是组织工作，需要将设计的各种要素统一在设计主体中，个体与个体的相互合作成为主体，再与环境影响相结合，反映时代审美。时尚也是在满足人的使用的基础上达到精神和心理的满足。

运用的过程是将整理的元素选择性地通过联想、重组、物化等艺术手段，融合到设计中去。

运用的过程也是设计创意的组织过程，创意是从“因为……所以……”的顺向思维，逐渐转到“应该……但是……”的逆向思维过程；是让新鲜的事物变得熟悉，让熟悉的事物变得新鲜的过程。

时尚元素在设计中的运用是一个综合比较的过程，包括对资料、信息和市场的研究，对消费者实际需求的全面认识，对服装造型的各种形式法则的整体理解，以及对工艺成型、结构变化的各个环节和流程的系统把握。同时，要求服装设计师在整个构思过程中，保持从局部因素着手，从整体造型要素着眼的原则，注重各要素之间的关联、衔接和相辅相成的整体性，形成有秩序、有规律、有时尚感的服装结构和整体造型（图5-1）。

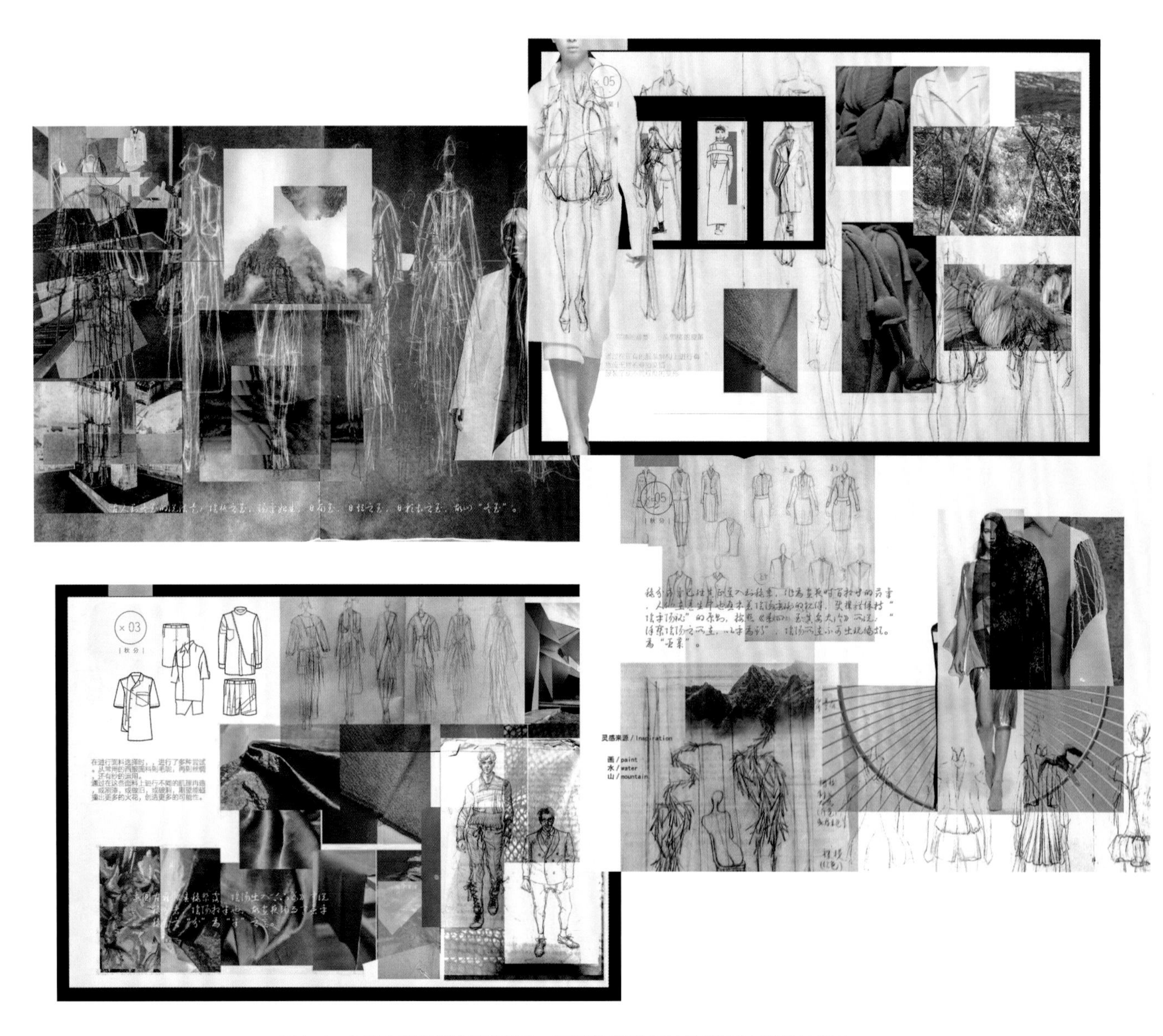

图5-1　反映设计思路的设计册，包括前期进行的快速表达训练的整合

第一节 时尚元素在款式上的运用

款式即服装的形状、外形轮廓。款式决定了服装大致类别，款式结构中的长短、松紧、大小、疏密、正反、错位、反向等是服装设计中最基本的造型要素。当这些要素与设计的形式法则相结合时，便会产生多种多样的系列服装设计。虽然某些款式大的轮廓不会改变，如西服、夹克等，但它被视为流行变化的重要标志之一。因此，对款式基本型的控制值得我们思考，以便在基本型的基础上有延伸和发展的空间（图5-2）。

图5-2 品牌Undercover 2016春夏巴黎秀场

设计师从破坏基本款式的内部结构入手，对块面进行大胆改良，对细节元素进行再组织。

一、解构与重组

解构是对人们习惯的服装款式构成要素进行打散与重组，即打破现有秩序，重新按照新的原则和表现方法，创造另一种新秩序（图5-3）。解构的目的是重组，解构使很多看似不可能的造型因素，随着审美的变化变得可行和时尚。艺术家通过解构具象手段来进行创造，服装解构大师也在时尚领域对解构进行各种诠释，对当今的服装造型、服装结构等提供更多的思维空间和理论支撑（图5-4）。

1.对着装概念的解构与重组

对着装概念的解构是将服装视为既有实用性，又具审美性；既可将服装作为商品，也可将服装作为艺术品来欣赏。如果作为艺术品，即审美性大于实用性，可将实用性与人体的穿戴关系不作为主要思考因素，而将时尚元素分解成任意的形状，突破构成服装款式的基本结构进行重组，以较为极端、夸张的造型手法改变和丰富人的视觉（图5-5、图5-6）。

图5-3 品牌Anrealage 2016春夏巴黎秀场

对人们习惯的服装部位进行夸张解构，以创新手法改变了服装传统的穿着方式。

图5-4 品牌Comme des Garcons 2016春夏巴黎秀场

设计师川久保玲以较为极端、夸张的造型手法改变了人们对于服装艺术化的概念，并且极大地丰富了人的视觉。

图5-5　品牌 Viktor & Rolf 2015秋冬巴黎高级定制

两位设计师通过分割将一幅幅古典油画进行解构破坏，转变为服装后创造新的和谐，这是对传统绘画艺术的可穿着性进行的一次大胆探索。

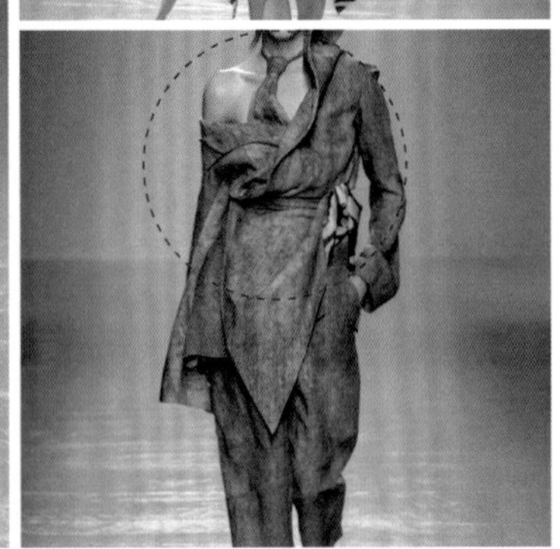

图5-6 品牌Aganovich 2016春夏巴黎秀场

设计师以全新的分割方式来解构传统西服的造型结构，使得西服的正式秩序被打破。

2.对服装结构的解构与重组

服装结构是构成服装造型的基础，通常以人体为标准，对面料开片、切割，组合成符合人体活动功能的款式和造型。而服装结构的解构以打破常规原型结构，或者完全不按传统服装原型的分割法裁片，略带随意性地组合在一起，形成在结构上的不同寻常，打破旧的秩序，再重新构建新的观点。对服装结构的解构，需要整体结构的控制能力（图5-7、图5-8）。

图5-7 品牌Hakan Yildirim 2016春夏系列

土耳其裔设计师哈坎·耶尔德雷姆（Hakan Yildirim）对传统翻驳领的解构运用。

3.对传统面料的解构与重组

传统材料讲究对人体的呵护，体现在着装的舒适性、保暖性、生态性等方面。对传统材料的解构是在传统纤维织物材料的基础上组合其他综合材料或一些非纺织材料。如金属、木质、塑料、羽毛等运用于服装的视觉表现，或将互不相干的材料进行有机的组合，打破传统材料，赋予服装新的意义，以达到感观上的冲击和表现手法的创新。很多主流服装设计师在材料解构上做了很多有益的尝试（图5-9、图5-10）。

图5-8 品牌Yohji Yamamoto 2016春夏巴黎秀场

黑色依旧是主导色，红色、蓝色零星点缀，随意的包裹、打结，残破的面料，未完成的裙摆，不成形的剪裁，处处都体现了山本耀司的美学态度。

图5-9 品牌Loewe 2016春夏巴黎秀场

多种形式和元素的组合，不同材质材料的有机结合。

图5-10 品牌Maison Margiela 2015春夏巴黎高定系列

金色波浪贴片头饰，圆形透明贴袋，不规则薄纱面料穿插乳胶材质，未完成的结构内衣等，多元材质的组合方式极富品牌意味。

二、分割与比例

1.分割

分割是将完整的整体形态，按照不同的审美原则和不同的比例，将整体划分成各个不同的局部，局部与局部之间又相互联系，构成新的整体。分割的手法有利于打破固定的服装结构和传统的搭配规律，创造出新的视觉效果。

（1）对结构线的分割：将原型结构线进行打散、转移处理，利用省量变化和组合变化传达新的视觉效果（图5-11）。

（2）对造型部件的分割：主要对服装的衣片、领型、袖型、口袋进行分割，用不同手法和材料进行优化，使部分部件得到夸张，更加体现个性化。

（3）对装饰线的分割：在原型板样的基础上，利用直线、曲线、重叠等手法，对原整体裁片进行装饰性分割，强调装饰线的结构表现，此类手法常见于夹克、牛仔衣裤的装饰处理（图5-12）。

图5-11　品牌Herve Leger by Max Azria 2016春夏系列

该系列突出结构线型的构成变化，使分割的局部和整体之间又相互联系，构成新的整体。

图5-12　品牌Thom Browne 2017度假系列

在翻驳领西装的原板基础上，对裁片添加缝纫线的装饰化处理，打破了固有的装饰方式。

2. 比例

比例是指设计中整体与局部、局部与局部、大小不同部位之间的相互配比关系。通过其面积、长短、轻重等质与量的差所产生的视觉关系处于相对突出和平衡状态时，即会产生协调的视觉效果。

（1）服装造型与人体的比例：服装是依附于人体比例而进行整体造型的直观视觉。上下、左右的造型比例，将关系到着装的视觉效果，服装的造型要满足人体的基本审美要求，多一点、少一点、长一点、短一点都会影响人们对造型的整体感受（图5-13）。

（2）服装整体与局部的比例：整体感强的服装总能赢得人们的喜好，整体是对造型大关系的把握，局部则是对整体造型的优化补充，需要注意的是要控制好整体与局部的主次关系（图5-14）。

图5-13 品牌Jacquemus 2016春夏巴黎秀场

大小不一的不对称剪裁，有趣的色块拼接，一切解构主义手法带来的不完整感，让这个年轻法国设计师品牌异常轻松自然。

图5-14 品牌Karen Walker 2017度假系列

设计师围绕荷叶边元素，通过对整体与局部的大小和位置比例调节，为单一的H型连衣裙塑造出了不同感觉。

三、变异与折中

服装设计离不开造型，自然也离不开传统的形式法则，如比例、平衡、对比、统一、协调等，而服装是需要第三者的观察才有其完整的意义。它的审美在更大程度上是凭感觉而不是逻辑。

因此，过分强调这些传统形式法则，有时会影响服装设计的创造性发挥。当今，很多设计师打破这种设计规则，刻意制造复杂、激变、模糊不确定的效果（图5-15）。

变异的手法就是“创造性地损坏”我们习以为常的东西，改变它的比例、尺寸、位置和形式，在设计领域中创造出新鲜的、令人琢磨不定和出其不意的审美效果。变异的手法通常用于创意装、街头装、嬉皮士和朋克的装束，多用于服装的领子、袖子、结构线等，通过局部夸张达到引人注目的效果（图5-16）。

图5-15　品牌Vivienne Westwood 2016春夏巴黎秀场

以先锋环保主义者的形象将环保直接和品牌时装秀结合，打破常规，不和谐的元素尝试在服装上整合组织，极具有实验意义。

折中是后现代艺术的重要特征之一，它吸纳和包容多种多样的文化现象，反映了服装设计师在创作过程中对历史与现代、中心与边缘等问题的思考和诠释，不含倾向性，是一种中性的表达。在服装上，折中主要表现在各种风格的综合，各种形式的综合，各种面料的综合，饰物与饰物的综合，紧身与宽松的综合等（图5-17）。

图5-16　品牌Area 2016春夏系列大片
将现代的舞台化效果融入服装，扭曲的拍摄手法极具表现力和创造力。

图5-17　品牌Mary Katrantzou 2016度假系列
以立体感极强的、错综复杂的、浓浓文艺气质的印花图案而著称的年轻品牌，显示出极强的后现代折中主义处理手法。

第二节　时尚元素在面料上的运用

设计需要经过面料的组合表现视觉效果。服装设计过程中，选择和使用哪些设计要素并没有一定的规定，设计师的灵感来源有很多，但由材料的对比，对材料属性的改变和再造则是服装设计师们惯用的手法。如粗犷与细腻、硬挺与柔软、沉稳与飘逸、平展与褶皱等。通过双方的对比，使各自的个性特征更加突出（图5-18）。

图5-18　品牌Givenchy 2017巴黎高级定制系列

材料基本单元的重组，提高材质的对比而产生美，为黑色的构成赋予了更深的内涵。

一、堆砌与拼贴

堆砌就是将不同材质、不同色彩、不同手感以及不同质地的面料重复叠加在一起，造成不同的起伏感和空间关系，也可将不同民族、不同年代、不同风格的元素，以看似漫不经心，其实精心安排并罗列在一起，这种方法就是堆砌（图5-19）。这种手法多用于表现服装的厚重感和夸张的外形（图5-20、图5-21）。

图5-20　品牌Celine 2016秋冬巴黎秀场

局部叠加效果，以不同质感的纹样立体拼贴，打破基本型的沉闷。

图5-19　品牌Comme des Garcons 2016秋冬巴黎秀场

单色面料通过堆砌叠加达到夸张、突出重点的作用。

图5-21　品牌Junya Watanabe 2016秋冬巴黎秀场

以立体条块为基本单元，采用相同元素多元组织叠加排列，塑造出面料的空间层次关系。

拼贴是很多设计作品常用的手法之一，它是利用面料的厚薄，将几种相同或不同质感的面料按照新的审美规则重新组合。拼贴的方式可以将不同风格、不同年代的材料进行组合，表现一种看似随意却独特的新境界（图5-22）。当然，这种拼贴不仅指材料上的混合，也可以是一些服饰和裁片游戏般的拼接，如将不同时期的图案和时尚材料结合在一起，混淆时间和空间的界线，加强服装的趣味性，同时也增加服装的观赏性和局部细节的装饰性。这种手法常用于服装造型的主要部位和局部的精致设计上，并根据拼贴的材质、造型、色彩和方法的不同，设计个性风格突出的服装款式（图5-23、图5-24）。

图5-22　品牌Thom Browne 2016秋冬巴黎秀场
图案化的拼贴处理，将日本传统浮世绘图案以材料质感附着于服装之上。

图5-23　品牌Christian Wijnants 2016秋冬巴黎秀场
不同质感材质的拼贴处理。

图5-24 品牌Viktor & Rolf 2017春夏高级定制系列

本系列以各种形体随意、花式各异的裁片拼贴而成，结合薄纱的堆砌，破坏性的组合手法加上细腻的缝制工艺，既强调了其时尚艺术的超高品位，也为其细节的观赏性赋予了更多。

二、破坏与组织

破坏是将服装材料经过各种技术处理，在保持原材料特点的基础上对织物的经纬和非织物材质做抽、撕、磨、烧、织、裂痕、拉扯、镂空、切割、挖空、填充等手法进行再造处理，改变材料原有的属性，丰富材料的表现形式，突出材料肌理。破坏的目的是为了更好地组织（图5-25）。

破坏的手法常用于一些创意性强的个性化时尚设计，如街头时尚、牛仔风格的服装等。从破坏到组织使现有的材料在肌理、形式或质感上都发生较大的甚至是质的变化，而使面料的外观创新所构成的一个完整的概念体，结合色彩、材质、空间、光影等因素改变面料性能，增强视觉效果，拓宽服装材料的使用范围与设计空间（图5-26）。

图5-25 品牌Faustine Steinmetz 2018春夏伦敦秀场

断裂式的破坏处理与涂层肌理面料的组织结合，显得简洁大气。

图5-26 瑞典纺织学院（Swedish School of Textiles）毕业作品

2016伦敦大学生时装周上，以牛仔的破坏性元素创造出街头化的风格。

组织是对破坏的服装材料以同一元素为单位，或不同元素多元为特征，经不同规律和秩序重组进行回位、拼接、克隆，把这些相同或不相同的元素单体、综合体，加以组合，产生丰富的形态，创造出新的单元循环。

（1）相同元素单元组织：如同一方向、同一色彩、同一肌理产生规律和近似变化。

（2）相同元素多元组织：多个相同元素不同疏密、不同面积、粗糙凹凸、光滑透明产生不同视觉效果，形成丰富对比。

（3）元素空间层次组织：以单体元素的层次组合形成面，面的多层次延伸组合形成空间，产生虚实对比，起伏呼应（图5-27）。

三、肌理与形态

肌理是服装材料再造后物体质感的表面特征，它是服装具有表现力的造型要素，更重要的是其作为一种视觉元素在设计的表面与空间结构中发挥着独立的作用，利用材料肌理来构成服装造型的意义重大。

通常肌理有平面性的视觉肌理和有起伏变化的触觉肌理。视觉肌理主要满足视觉上的功能，肌理的产生手段可以是多样化的，以服装材料本身的塑造，满足视觉上的效果是常用的肌理形式。触觉肌理不但要产生视觉上的效果，还应通过必要的材料属性进行塑造，在形态的表面产生可触摸的感觉。前者是材料本身的肌理表现，后者是材料再造处理后的表现，体现的视觉效果更为丰富（图5-28、图5-29）。

肌理在服装与造型中表现为：

（1）作为一种物质材料的视觉和意义存在，能直接体现服装本身的视觉表现力（图5-30）。

（2）塑造某种肌理附着在形态的表面，为形态服务，并使肌理处于主要的表现形式，成为一种装饰手段（图5-31）。

（3）用肌理的形式构成造型主体，成为直接的审美对象（图5-32）。

图5-27　中央圣马丁艺术与设计学院毕业作品

2017伦敦大学生时装周上，毕业作品呈现了破坏性的编织肌理，虚实组织构成造型主体，形成具有空间感的形象。

图5-28　品牌Alex Mullins 2018春夏伦敦秀场

拉伸的图案化印花，结合人体和面料的转折曲面，与模特面部形成鲜明的质感对比，呈现出独特的视觉肌理面貌。

图5-29　品牌KENZO 2016秋冬巴黎秀场

面料毛边化的处理与流苏形式重复组织结合，以点状线形为单元形成有起伏变化的触觉肌理。

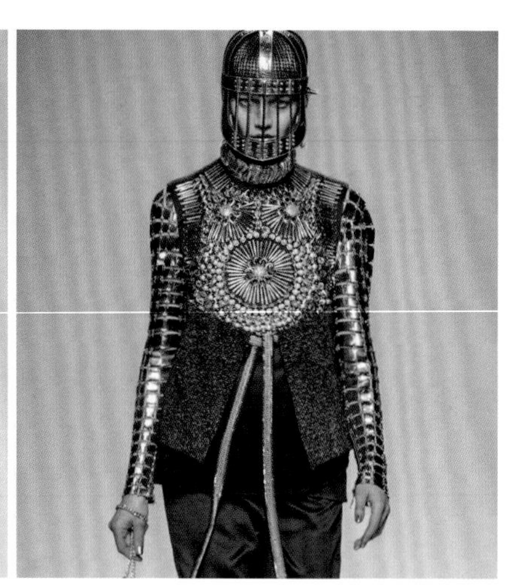

图5-30　品牌Manish 2016秋冬巴黎秀场

印度著名设计师曼尼什·阿若拉（Manish Arora）将肌理附着在形态的表面，并使肌理处于主要图案形式，也具有文化属性，充满了东方的哲学和绚丽。

图5-31　中央圣马丁艺术与设计学院毕业作品2017伦敦大学生时装周

一种独特的装饰肌理，强化了服装细节。

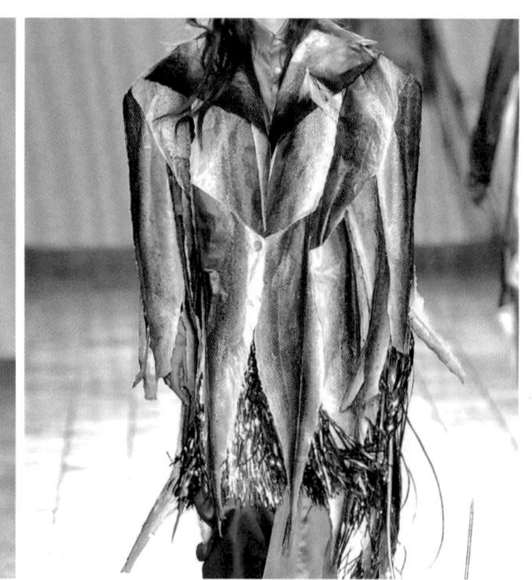

图5-32　中央圣马丁艺术与设计学院毕业作品2017伦敦大学生时装周

直接使用鱼皮作为设计媒介，用肌理的形式构成造型主体，成为直接的审美对象，直接材料本身的视觉表现力。

肌理的基本形是将再造处理后的肌理在服装造型中夸张化、点缀化、秩序化。肌理通常以一种基本形式、基本手法将相同的形态和相似的形态构成在造型主体里，肌理的基本形是构成款式塑造的主要表现。当然，肌理的基本形应满足服装造型的整体审美，重复使用的基本形作为整体形象的一部分，应注重肌理形式塑造和肌理构成的视觉效果和服装整体形态的强调（图5-33）。

图5-33 品牌Comme des Garcons 2015春夏伦敦秀场

设计师川久保玲再造处理后的肌理在服装造型中夸张化、点缀化、秩序化为表现形式，为形态服务成为一种装饰手段，甚至直接以肌理形式塑造形态，从而为整体服务。

第三节 时尚元素在色彩上的运用

服装色彩是服装设计中一项极其重要的组成部分，由于服装自诞生起就与人类的生活密不可分，与其他艺术形式相比，服装的色彩是在款式和面料之外，能够给人们留下第一印象的重要因素。色彩作为最快作用于人类生理感受的服装元素，通常首先闯入人们视线，之后才是服装的款式结构、面料质感和工艺制作等。

色彩能够直观地反映人类情感，例如在中国传统观念中，喜庆的婚宴会使用大量的红色，而悲伤的葬礼上会选用黑色与白色来寄托哀思。所以，服装色彩必然与社会文化有着内在联系，服装色彩的审美与整个社会审美意识相互影响。科学家研究指出，人对色彩的敏感度远远超过对形状的敏感度，因此色彩在服装设计中的地位是至关重要的。服装设计注重色彩的感觉，如象征、冷暖、轻重等，同时，相同的色彩作用于不同材质的面料上，也会产生不同的视觉效果。通过研究影响服装色彩的各因素，设计师们把色彩在绘画艺术中的表现融合到服装设计中，从色彩影响因素与消费心理的共鸣点入手创作出被不同人群认同的作品（图5-34）。

图5-34 品牌Berluti 2016春夏巴黎秀场

设计师以亮丽明艳的色块组合为本季男士塑造了全新的年轻形象，精致的裁剪加上考究的配色，春天气息扑面而来。

一、同类与近似

同类色与近似色的搭配给人以柔和、淡雅的视觉印象（图5-35、图5-36）。这种配色方案是配色分类中最易把握，也是最不容易犯错的一种。同类色配色的方法在服装上运用得较为广泛。同时，可以通过改变色彩的明暗深浅、使用同一色调调和等方式设置不同的色彩搭配，如朱红与紫红、深绿与浅绿、褐色与驼色等（图5-37、图5-38）。但此类色彩搭配若在明度与层次的处理上不恰当，很容易造成单调的感觉。

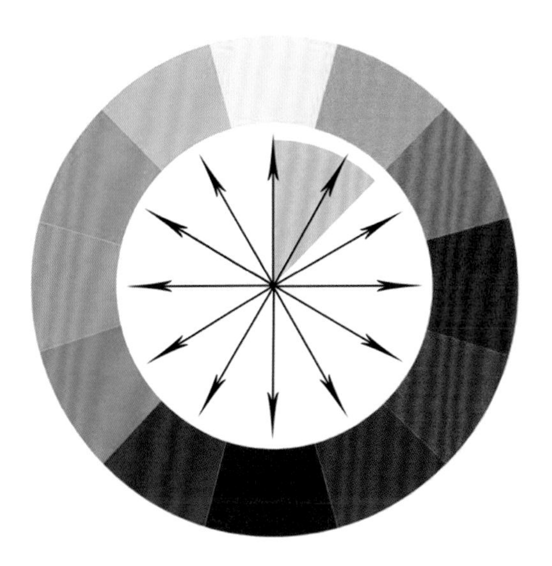

图5-35　同类色指在色相环上相距45°之内的色彩

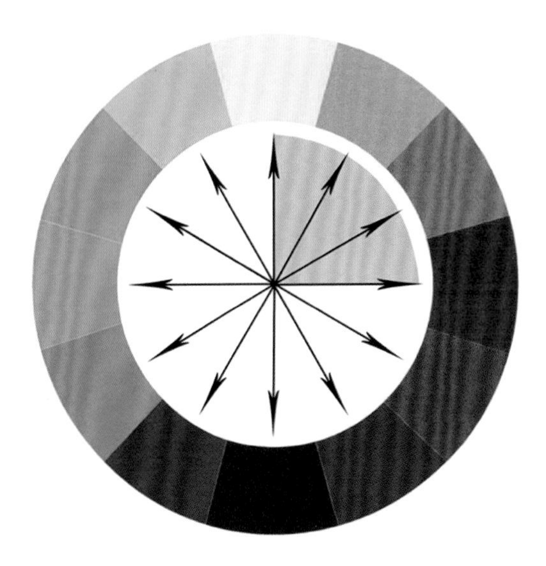

图5-36　近似色指在色相环上相距90°之内的色彩

图5-37　品牌Issey Miyake 2014秋冬巴黎秀场

本次系列的灵感源自英国的乡村风景，围绕凯尔特人风格的秀场音乐，同类色的颜色组合也令人回味起英国农业耕地的五彩地形。

图5-38　品牌Temperley London 2015早秋系列
经典的花卉图案分别在红蓝同类色的明度和纯度调的变化下，显得格外清秀。

与同类色配色相比较，近似色的配色更容易搭配出丰富的色彩节奏（图5-39）。由于近似色配色能够避免同类色的平淡单调，因此在服装上运用的范围比同类色配色更为广泛（图5-40）。例如，橙色和红色的搭配或者蓝色和绿色的搭配，给人的感觉是相对协调、统一（图5-41、图5-42）。

图5-39　品牌Ostwald Helgason 2014早秋系列
对颜色明暗深浅的组合，带来了极富现代感的视觉效果。

图5-40　品牌Issey Miyake 2015早秋系列

本季大片以强烈惹眼的亮黄色为主调，结合服装形成和谐的黄红、黄绿配色。

图5-41　品牌Oscar de la Renta 2014·秋冬纽约秀场

近似色构成的主体，降低饱和度的蓝绿配色带来独特的复古质感，上装和下装的大色块内又具备精巧的细节设计。

图5-42　品牌Tsumori Chisato 2015早秋系列

简洁大气、温暖舒适的红橙配色。

二、对比与互补

对比色和互补色的配色方案呈现出亮丽、明快的色彩风格，其对比效果通常较为强烈，可用于舞台装、童装、运动装等服装类型的配色设计（图5-43、图5-44）。在大面积使用对比色配色时，需要注意的是，应该在色彩的纯度和明度上相对降低一些；小面积使用时，色彩的纯度和明度则可以相对高一些。同时，在大面积使用对比色时，为了降低色彩的对比度，可以利用无彩色来加以协调（图5-45~图5-47）。

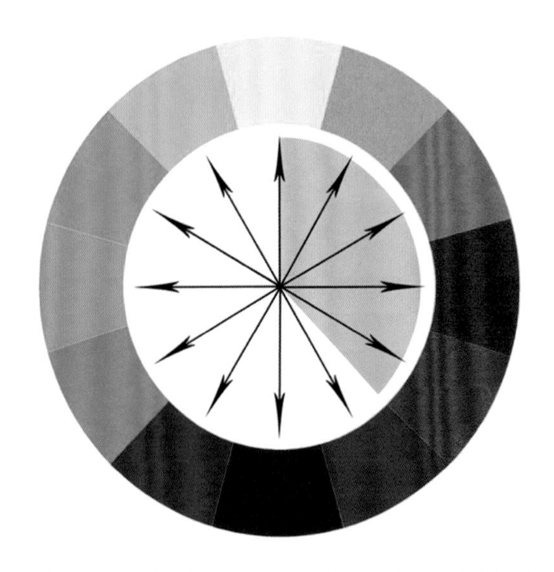

图5-43 对比色指在色相环上相距120°~180°的色彩

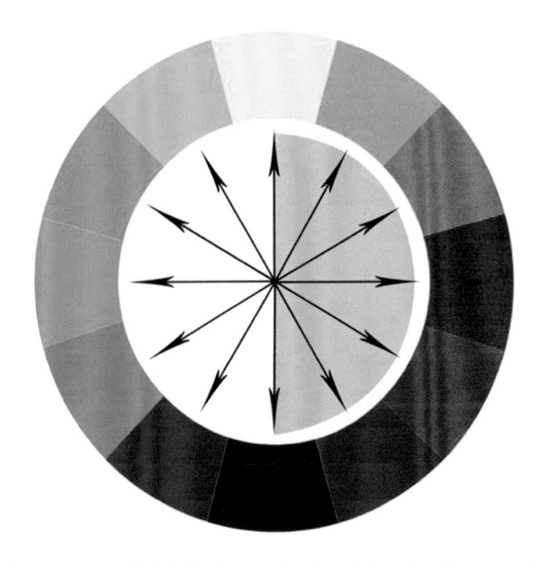

图5-44 互补色指在色相环上成180°相对应的一对色彩

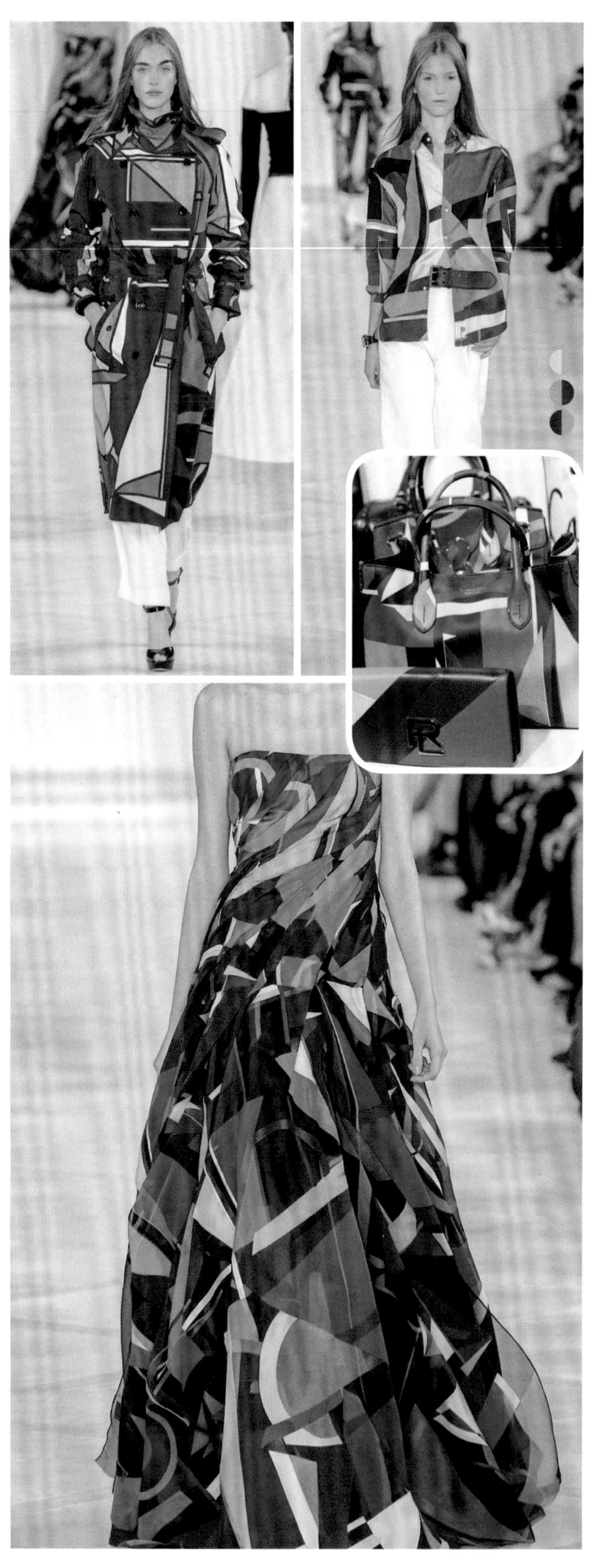

图5-45 品牌Ralph Lauren 2016春夏纽约秀场

色块解构面料，极具对比性的色彩运用，带来了强烈的视觉感受。

图5-46　品牌KENZO 2016春夏巴黎秀场
红蓝色调对比强烈，适当加入白色起到了很好的中和作用。

图5-47　品牌House of Holland 2012秋冬伦敦秀场
爱搞怪、爱反叛的大男孩设计师亨利·荷兰（Henry Holland）让各种波普色猛烈相撞，秀场上并没有太过张扬的款式，但是对比色彩和纹理都已经足够精彩。

互补色配色是在各类配色中最不容易把握的搭配方法。两个颜色之间需要对面积做适度把握（图5-48）。例如，红色上衣搭配绿色的丝巾，色彩效果鲜明、强烈；但如果是红色上衣与绿色裤子搭配则显得相对生硬，这时可适当加入中间色（黑色、白色、灰色等）来进行调和（图5-49、图5-50）。

图5-48 品牌Yohji Yamamoto 2014秋冬巴黎秀场

以黑色见长的设计师山本耀司这次以对比色构成设计，大面积的运用但是色彩的纯度和明度有所调节。

图5-49 品牌Yohji Yamamoto 2014春夏巴黎秀场

春夏系列中，则以鲜艳的互补色构成设计。

图5-50 品牌House of Holland 2018早春系列

设计师擅长大胆的配色，玩味十足的强对比色块为整个系列带来了欢腾的调性，绚丽的设计让成衣一改普通的面貌。

三、图形与面积

优美的图案可以成为某些服饰设计上的点睛之笔，而完美的配色则可把陈旧的图案变成新潮纹样。（图5-51）。图案的形式和内容必须与流行色彩紧密结合，只有运用时尚流行因素才能使设计的图案被消费者喜爱和接受（图5-52）。由于图形是一种以符号形象为核心的说明性语言，其目的是为了向别人阐释设计作品中的某种观念或内容，所以往往能准确地表达设计意图，在交流过程中非常人性化，它直接影响着人们的思想、情绪和精神风貌（图5-53、图5-54）。

图5-51 品牌Dolce&Gabbana 2013秋冬米兰秀场

设计师本季灵感依然来自他们热爱的故乡西西里，不过本季更加具化了一些——西西里蒙雷阿莱大教堂的金色马赛克宗教图案。

图5-52 品牌Birmingham City University 2015秋冬伦敦秀场

除去强烈的色彩，设计师对于戏剧感的头套图案搭配，塑造出极其夸张和幽默的符号视觉形象。

图5-53　品牌Lacoste 2016春夏巴黎秀场

虽然设计师将国旗大胆进行解构，但是其特殊的符号精神和植入脑海深刻的配色印象还是能够窥见一斑。

图5-54　品牌Andrew Gn 2015春夏巴黎秀场

新加坡籍设计师鄞昌涛（Andrew Gn）以极具东方印象的纹样为设计元素，又通过红蓝两色的比例关系调节，带来全新的文化特质。

作为一种符号形象，用特定的线条和色彩来表达主题就显得尤为重要。而色彩的比例与面积不仅仅在单个图案中至关重要，甚至图案整体与服装整体的面积大小都直接影响到一件服装的完整性，以及带给观者的情绪感受（图5-55）。

服装色彩与面积的比例搭配的关键除了对色彩构成的基本特性、配置规律和色彩美感的把握外，控制色块大小比例异常重要，所谓“万绿丛中一点红”也是对色彩面积、比例控制的审美说明。首先需要考虑整体色彩在面积和数列上的对比以及调和程度的比例关系（图5-56）。其次是整体色彩与局部色彩，局部色彩与局部色块之间在方向位置、排列方式和组合形式等方面比例关系的变化（图5-57）。

图5-55 品牌Walter Van Beirendonck 2012秋冬巴黎秀场

本季从非洲采集灵感，以图腾印染搭配他惯用的抢眼荧光色调创作拼接西装，控制图形的比例位置，具有强大的活力和爆发力，颜色上的五彩斑斓正好加大了这种对比的力量。

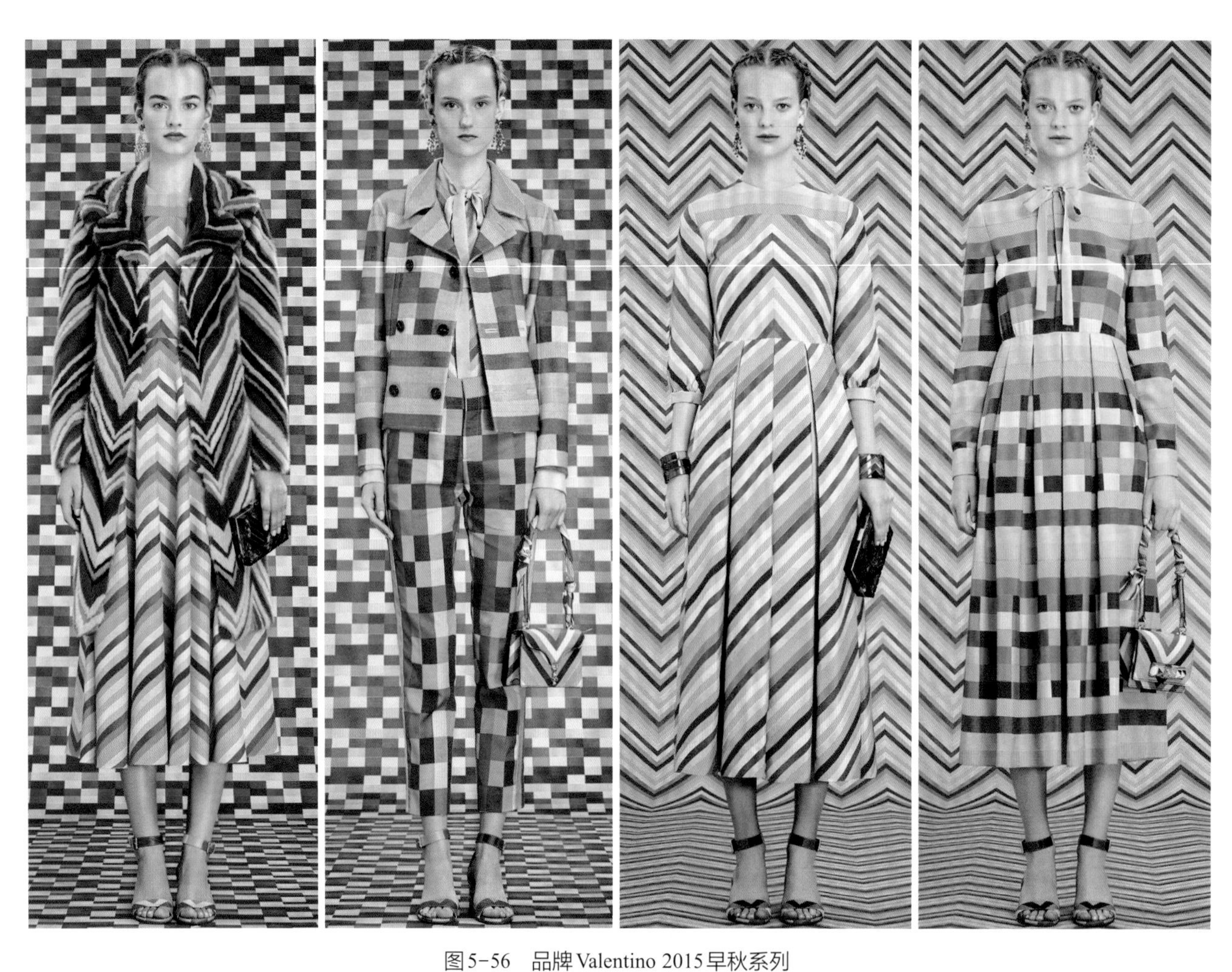

图5-56 品牌Valentino 2015早秋系列

点状的马赛克色块和线状的曲折条块，造就出了迷人的少女风情，同时数列关系的组合规律又为服装塑造出更为迷幻的设计感。

图5-57 品牌Christopher Kane 2016春夏伦敦秀场

交错重叠的多彩色块，考虑局部与服装整体的数量比例关系，呈现出的装饰性也各具特色。

第四节　时尚元素在细节上的运用

细节是构成服装整体造型的重要组成部分，也是体现款式特点的重要部件。当服装基本大形确定后，细节的组织显得更为重要。设计师面对相同的服装基本型，往往由于细节的变化和组织方式的不同，产生多种可能的服装款式的变化。每年的流行时尚发布都会有相应的细节元素作为该季的流行支撑。在设计运用中，并非所有流行元素都要运用于款式设计，而是有选择性地，将适合服装风格定位的元素进行合理的运用（图5-58）。

图5-58　品牌Versace 2015早秋系列

以精致的金属亮片为基本原型，按照排列规律和服装结构的配合，功能细节与装饰细节的完美结合，为本季高级成衣增添了独特的律动感和创新性。

一、夸张与反复

夸张是运用其丰富的想象力来扩大事物本身的特征，在强化服装造型基础上使事物的形体特征、动势特征和情感特征得到突出显现，以增强其表达的视觉效果（图5-59）。夸张手法是服装设计常用的技巧，一方面它是物象特征的强化，另一方面它也是情感表达和形式美感的强化。在服装设计中，借用夸张这一表现手法，可以取得服装造型的某些特殊的感觉和情趣，通常服装细节的夸张多在服装的功能细节和装饰细节上。对于夸张的运用应注意其艺术的分寸感，以恰到好处为宜（图5-60）。

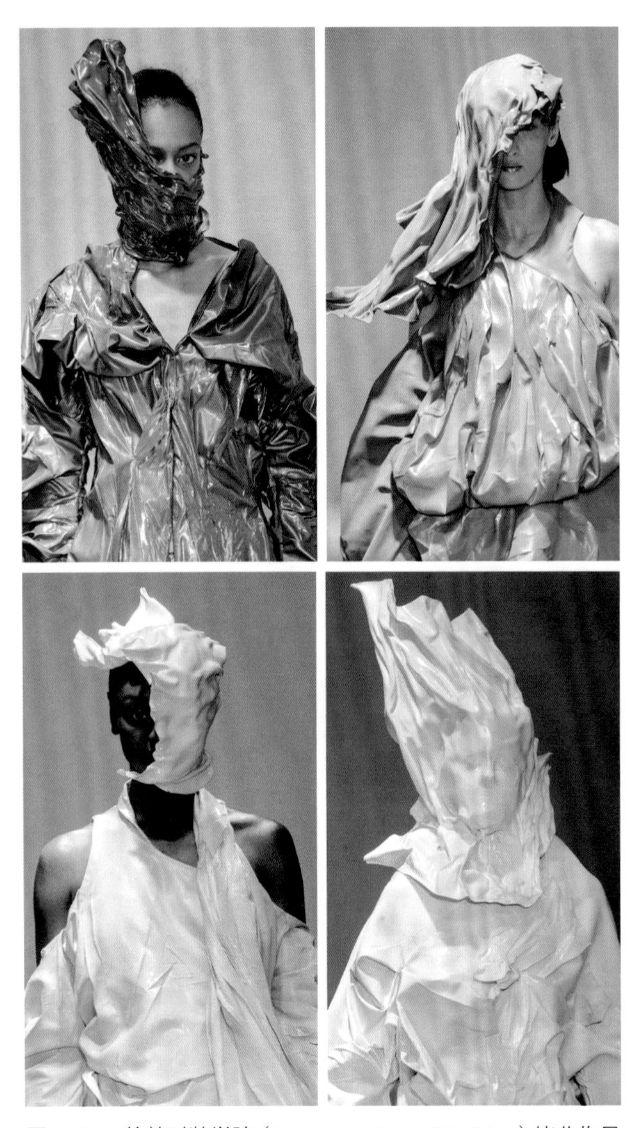

图5-59 伦敦时装学院（London College of Fashion）毕业作品 2017伦敦大学生时装周

通过特殊的板型与面料设计让头部夸张，从而改变着装形态。

图5-60 品牌Walter Van Beirendonck 2016秋冬巴黎秀场

通过手部细节的夸张处理，塑造了下身更加突出的着装形态。

同一事物的多次重复或交替出现即为反复。应用形的重复是形式节奏运动的基本条件，是建立服装整体造型秩序的重要手法，也是款式构成的基本要素之一（图5-61）。相同的形态以一定的间隔反复出现，形成一种基本而简单的节奏形式，也可以应用肌理、方向、色彩、细节等相同的单一要素进行重复应用。在此基础上，如果改变形状、大小、间距、方向、色彩或肌理等诸多要素作变化的反复时，就形成复杂的节奏形式。充分利用连续而有规律地反复运动和变化，造成不同的节奏形式，产生富有节奏的韵律感，都可产生良好的视觉效果。值得注意的是，反复的间隔和频率不能太近或太远，太近会产生单调而同化的视觉效果，太远则显得松散而失去统一感。在服装设计中还经常运用渐变、重复、重叠、透叠等表现手法，用以丰富服装的造型风格（图5-62、图5-63）。

图5-61　金斯顿大学（Kingston University）毕业作品

2017伦敦大学生时装周对口袋重复设计，形成节奏感。

图5-62　东伦敦大学毕业作品（University of East London）2017伦敦大学生时装周

条块的反复构成让服装具备有机形态。

图5-63 品牌Christopher Kane 2016度假系列
对心型元素距离设置与数量排列，形成了精巧的局部图案。

二、和谐与强调

当设计中的所有构成要素之间在质和量上均保持一种秩序和统一关系，相互之间形成和谐的搭配，获得统一的视觉效果的时候，就是和谐（图5-64）。在服装设计中，和谐主要指各个组成要素之间在形态上的统一和排列组合上的秩序感，而和谐的同时应强调设计意图。服装是立体的造型，需要满足各个角度和各个层面的视觉美感。因此，在服装的结构上如果缺乏一定的秩序感和统一性，将会影响应有的审美价值（图5-65）。

图5-64 品牌Christian Dior 2018春夏巴黎高级定制
面部独特的妆容设计让服装薄纱元素得以延续，通过渐变的表现手段，让层次和空间形成和谐统一。

图5-65 德蒙福特大学毕业作品（De Montfort University）2017伦敦大学生时装周

通过结构线特殊的强调与装饰，实现整体的虚实与和谐。

图5-66 品牌Armani Prive 2018春夏巴黎高级定制

干练的外套配合领部具备精巧的细节设计，引人注目。

优秀的设计都会有一个强调中心，这个中心就是视觉的焦点，如果设计作品上所选择的强调点适合，同样也可以使服装的其余部分增色不少（图5-66）。强调的手法很多，如外轮廓强调、局部件强调、结构强调、材料肌理强调、色彩配搭强调等。强调的途径也有很多，如利用丰富的想象力对饰物或细节部件的强调（图5-67）。

如前文谈到，在单色面料上设计部分引人注目的色彩，在梭织面料上配搭一些综合材料如草、金属、塑料等，通过这些手法同样能够对和谐的造型做强调补充，吸引人们的视线（图5-68）。

图5-67 品牌Thom Browne 2015秋冬巴黎秀场

以扁平化的裁片强调服装构成形式，凸起的纽扣装饰为块面添加更加耐看的细节。

图5-68 品牌Delpozo 2018度假系列

立体花朵设计赋予了装饰细节更多活力，清新的配色也为服装带来更多协调的补充。

三、互换与补充

互换指构成服装造型部位和细节部位进行上下、左右、前后、倒顺等关系的互换。要素位置的相互连接或相互分离，相互对应或交叉对应，这种互换常用于领型、门襟、袋型等部位，带来更多简洁又新颖的感受（图5-69）。

细节在服装上的使用部位往往是不固定的，需要根据服装风格和造型作调整，通过互换可以感受细节在整体造型中的各个方向、各个部位的种种可能。互换可以改变人们习以为常的造型手法和细节部位，拓展人们的思维空间（图5-70）。

图5-69　中央圣马丁艺术与设计学院毕业作品2013伦敦大学生时装周

以绳索在服装局部的变化探索人体的关系，位置的强调互换与局部补充。

图5-70 品牌Anrealage 2015秋冬巴黎秀场

以无彩色为基调，从整体与局部色块的比例变化对着装概念的解构，内外空间互换的夸张的手法改变和丰富人的视觉张力。

补充是在整体造型基础上通过加大、增多、拉长或相反的手法，对造型部位和细节的比例关系做视觉上的补充和对比变化的调整，如纽扣数量、装饰细节多少、分割面积的比例关系等。值得注意的是补充应避免设计作品的烦琐而一味地做加法。补充的同时应在减的基础上做相应的补充，两者看似矛盾，却需要艺术修养和现代的审美意识，需要敏锐的眼光和细腻的心思才能把握两者之间的关系（图5-71、图5-72）。

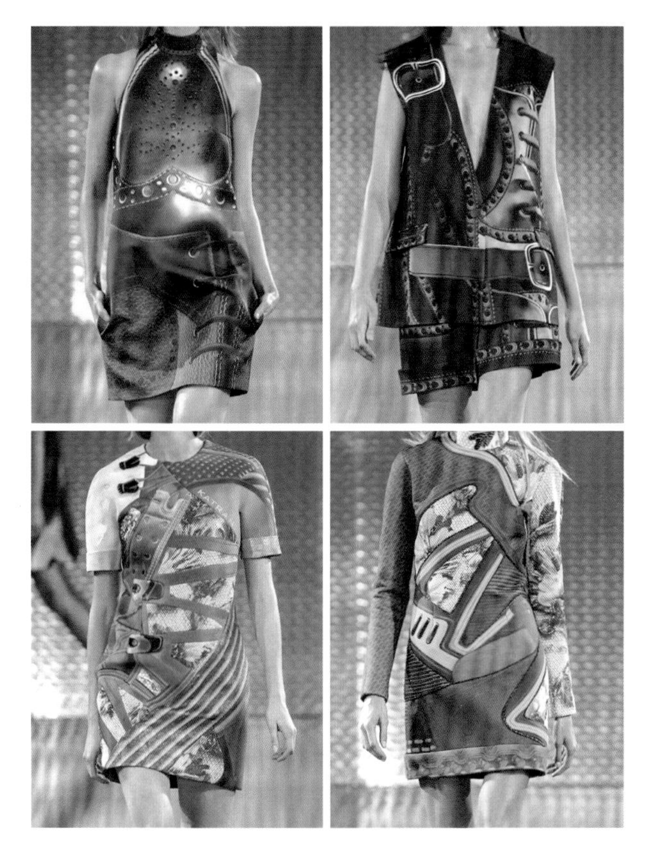

图5-71　品牌Mary Katrantzou 2014春夏伦敦秀场
以立体感极强的印花将鞋面装饰对服装视觉进行了创意补充。

图5-72　品牌Christopher Kane 2014度假系列
内外空间关系的互换补充，给设计提供了新奇的设计思路。

小结

时尚元素在设计中的运用是一个综合比较的过程，包括对资料、市场和审美等方面的研究，对消费者心理需求和实际需求的全面认识，对服装造型的各种形式法则的整体理解，及对工艺成型、结构变化的各个环节和流程的系统把握。本章重点以款式、面料、色彩、细节上的运用为基础，分析各种手法对服装造型的作用，结合实例加深这些造型手段的总体印象，给读者思考和选择的空间。目的在于通过这些方法的比较，灵活运用这些形式法则为设计服务。

参考文献

[1] 余强. 服装设计概论 [M]. 北京：中国纺织出版社，2016.

[2] 吴卫刚. 服装美学 [M]. 5版. 北京：中国纺织出版社，2018.

[3] 卞向阳. 服装艺术判断 [M]. 上海：东华大学出版社，2006.

[4] 陈文晖. 中国时尚产业发展蓝皮书2018 [M]. 北京：经济管理出版社，2018.

[5] 贾玺增. 中外服装史 [M]. 2版. 上海：东华大学出版社，2018.

[6] 沈从文，王矜. 中国服饰史 [M]. 北京：中信出版集团，2018.

[7] 王受之. 世界时装史 [M]. 北京：中国青年出版社，2002.

[8] 宁芳国. 服装色彩搭配 [M]. 北京：中国纺织出版社，2018.

[9] 郎家丽，孙闻莺. 服装设计基础 [M]. 南京：南京师范大学出版社，2017.

[10] 鹫田清一. 古怪的身体：时尚是什么 [M]. 吴俊伸，译. 重庆：重庆大学出版社. 2015.

[11] 詹姆斯・拉韦尔. 服装和时尚简史 [M]. 5版. 林蔚然，译. 浙江：浙江摄影出版社，2016.

[12] 琼•马什. 时尚设计史：从“新风貌”到当代 [M]. 邵立荣，徐倩倩，译. 济南：山东画报出版社，2014.

[13] 马丁・道伯尔. 国际时装设计元素——设计与调研 [M]. 赵萌，译. 上海：东华大学出版社，2016.

[14] 崔京源. 优雅夏奈尔经典纪梵希：跟大师学风格与搭配 [M]. 徐伟，译. 北京：中国纺织出版社，2011.

[15] 玛利亚・路易莎・塔格瑞洛. 时尚巨匠 [M]. 金黎晅，译. 北京：人民美术出版社，2016.

[16] 琳达•沃森. 时尚梦想家 [M]. 田彩霞，译. 北京：中国摄影出版社. 2018.